岩波現代文庫/学術287

数学が生まれる物語
第1週
数の誕生

岩波書店

読者へのメッセージ

　数学は，小学校 6 年間の算数の授業からはじまって，中学，高校とさらに 6 年間の授業を積み重ねていくことにより，基礎的な部分が大体完成するということになっています．小学校に入って最初の算数の授業は，身近なものを数えたり，並べたりするところからはじまったのですが，高等学校が終るときには微分・積分にまで達しています．数学の学習は 12 年間にわたる課程を通してかなりの高みに上がるといってもよいでしょう．現在のように，科学技術が社会の中心にあって，現実に私たちの生活のすみずみにまでその影響がおよぶようになると，いろいろなところで数学的な見方や考え方が求められるようになってきて，それに応じて，学校での数学教育の重要性が一層比重を増してきています．

　しかし，数学の教育が学校を中心にして行なわれているため，数学は，教壇の上から先生によって与えられるもの，あるいはもう少し別のたとえでいえば，私たちにはあまりなじみのない数学という大地から，長い歳月をかけてみのった果実を，先生がもぎとってきて，これは方程式の果実，これは関数の果実として私たちに与えてくださるようなもの，というイメージが，一般の人にかなり行きわたってしまったようにみえます．もちろん，数学史のほうへ目を向けるならば，私たちがいまではごくあたりまえと思うような定理や証明も

先人の長い努力があってできたものですから，数学の現在の完成された形を一種の実りとみるならば，このようなたとえも，当を得ているといってよいのかもしれません．

　だが，学校というものをひとまず離れて，数学という主題のほうに中心をおいてみたら，どのようなことになるでしょうか．そのとき数学を育てる母胎は私たちの中にあり，私たちは私たちの中にある数学の種子とでもいうべきものから，小さな苗を育てるように，大切に数学を育てていることに気がつくでしょう．それはちょうど草花が，光と風を受けながら，大地から生まれ育ってくるようなものにたとえられます．私がここで展開していく物語は，私たちの中から数学が生まれ育っていく物語なのです．

　幼時のころの追憶をたどってみると，私たちが言葉を話しはじめるころには，すでにものを数えたり，並べたりすることができるようになっていました．また，言葉を最初に覚えたと同じころに，ものを数える仕方や，数字を覚えましたが，そのとき私たちのやわらかな心に，ごく自然に数学の種子がまかれたといってよいのでしょう．その後，学校で算数や数学を学んだとき，先生の話の中に何か新しい考え方や術語がでてきても，それはフランス語やアラビヤ語のような異国語に接するときの感じとはまったく異なるものでした．そのことは私たちひとりひとりの中に，数学を学ぶ素地とでもいうべきものが十分備わっていたからであると考えてよいと思います．

私たちは，時にはじっと数学の問題を考えることがあります．意識を集中するにつれ，数学の考えは，私たちを私たち自身の中にある深みへとどんどん誘っていくような気がします．この深みへと目を向けるならば，数学は与えられるものではなく，私たちの中から生みだされ，創りだされていくものだという確信がひとりでに湧いてくるでしょう．私たちは，数学へ向けて動きだすある確かなものを，私たちの中にもっています．この確かなものは，あるときは数学の理解力となってはたらき，あるときは数学の創造力となってはたらきます．数学を支えているものは，数学が生まれるときにはっきりと感ずることのできる喜びであり，緊張感です．この物語を通して，読者が，数学誕生の息吹きを身近なものとして感じとっていただければありがたいと思います．

　1992 年 1 月

志 賀 浩 二

第 1 週のはじめに

この週で取り扱うテーマは，自然数，分数，小数です．自然数とか小数が，ふだん見なれている場所に登場するのは，買物をしたあとに渡されるレシートにならぶ数字とか，列車の時刻表とか，自動車のナンバープレートの上などです．100 を分母とする分数はパーセントとして登場してきます．ひた走りに走るマラソン走者を映しているテレビ画面の上には，時々刻々と移っていく時間と走行距離が記されています．このようなときには，数はたんに個数を表わすだけでなく，変化する量をも表わしていることがよくわかります．

しかし私たちは，どこまでもどんどんと大きくなっていく数や，どこまでも小さく微小になっていく数を見るような機会はほとんどありません．マラソンでも，42.195 km 走ってしまえば，それで終りとなります．数があまりにも日常的なものとなり，3 桁や 4 桁の数字ならばどこでも見ることができるようになったおかげで，逆に私たちは，ピタゴラスが信じたと伝えられる，数と宇宙の間に成り立つような，荘厳な夢を数に託することはなくなってしまいました．数から夢が消えてしまったようにみえます．

だが，巨大な数から微小な数までを創造し，そこに私たちの思考力や想像力を自由にはたらかせようとする，私たちの数に対するはたらきかけの中に，いまもなお，遠い彼方から

の潮騒のように，数のもつ神秘性が伝わってくることがあります．数はこのとき，やわらかな感触をもって私たちに語りかけてきます．この1週間の話では，身近な話題だけでなく，少し広い世界にさまよい出て，数のもついろいろな姿を示したいと思います．

目　　次

読者へのメッセージ
第1週のはじめに

月曜日　小さな数から大きな数まで ……………………… 1

火曜日　自　然　数 ………………………………………… 17

水曜日　倍数と約数 ………………………………………… 43

木曜日　分　　　数 ………………………………………… 65

金曜日　小　　　数 ………………………………………… 91

土曜日　分数と小数 ………………………………………… 111

日曜日　ピタゴラスの定理をめぐって …………………… 131

　問題の解答 ……………………………………………………… 149
　索　　引 ………………………………………………………… 153

カバー画・イラスト　村井宗二

月曜日

小さな数から大きな数まで

幼時の思い出にもどって

　私たちは，ときにはなつかしい幼時のころの思い出をたぐりよせ，追憶の情にひたることもある．はっきりとした思い出が，時間をさかのぼっていくにつれ，しだいに断続的になり，やがておぼろげなものとなって消えかかっていく．そのとき私たちは，たぐりよせていく糸が切れ，時間の観念さえも消えていくような不思議な気分におそわれる．捉えられるか捉えられないか定かでないかすかな思い出の中にある一筋の明るさは，私たちの存在の背後にある，何か永遠なものを照らしているようにみえる．実は，私たちの数学的な考えが，私たちひとりひとりの中に誕生してきたのは，このような光の中からである．

　私たちは，幼いころからひとつ，ふたつ，みっつと数えることを知っていた．多分，このようによぶことを覚える前からも，テーブルの上に並べられているスプーンやお皿を見たり，あるいは食卓にお父さん，お母さんがすわっているところに，お姉さんが加わったりするのを見るときには，ひとつ，ふたつ，みっつの違いはわかっていたに違いない．幼時の思い出にもどらなくとも，私たちの日常の生活の中でみても，単にひとつの特定のものだけをすぐそこに認めるということはむしろ少ないのである．私たちは，たとえば部屋の中を見

回したときのことを考えてもわかるように，たくさんのさまざまなものを同時に認識し，次にその中から特定のものを，ひとつ，ふたつと数えたり，並べたりして確認するということを，いつのまにか無意識のうちに行なっている．

　数の最初の誕生は，このような私たちの奥深くにある認識の仕方から生じてきたものに違いない．しかし人類の文化の歴史をみると，この認識から 1, 2, 3 というような，数の概念に達するまでには，長い長い歳月を要したようである．この長い長い歳月を思いやってみることは，私たちには，もうほとんど不可能なことであるといってよい．

　私たちは，3個のりんごと3個のなしを考えて，ここから共通な数量的な性質として3という数を抽出してくることなどあたりまえなことだと思ってしまう．しかし，目の前にある3個のりんごと，庭を眺め，この木を植えてから3年たったという感慨と，夜空を仰いでそこにオリオンの3連星を見るときというような，まったく異なる状況をじっと考えてみよう．そうするとここに共通に認められるある性質を，3という抽象的な概念で明確に捉えることができるようになるまでには，長い文化の歴史を必要としたのだろうということは，かすかながらでも察することができるのである．

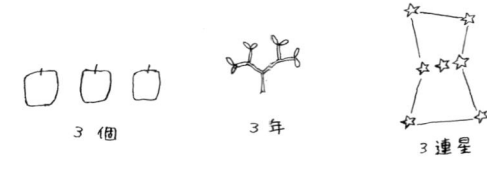

3個　　　3年　　　3連星

　だが，私たちは数学の歴史にはあまり立ち入らないことにしよう．私たちの関心は，私たちの学習や生活の体験の中から，どのようにして数学が生まれてきたかをふり返ることにある．

教室の風景

　ある日の算数の授業で，先生は皆の方を向いて，最初に次のように問いかけられた．
「1から10までの数がでてくるようなもので，思いつくようなものがあったらいってごらんなさい」
　教室はすぐにがやがやとにぎやかになった．
「この教室で先生はひとり」
「1つの机に2人の生徒」
「ぼくの服のボタンは5つだよ」
「1週間は7日」
「ぼくの筆入れに鉛筆が6本」
「ぼくの筆入れに消しゴムが3つある」
「この教室でメガネをかけている人が4人いる」

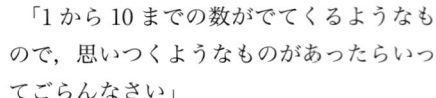

陽気な生徒が
「1塁, 2塁, 3塁, ―― 野球の選手は9人」
と叫ぶ.
「三角形, 四角形, 五角形, 六角形」
とまでいって, 七角形の形が思い出せずに, ここで黙ってしまった生徒もいる.

あまりにぎやかなので, 先生は先へ進むことにした.
「では, 11から20までの数がでてくるものには, どんなものがあるでしょうか」

教室の中は少し静かになった. 手元にあるものを数えてみるが, なかなか適当なものがみつからない. 最初にかず子さんが手を上げて
「鉛筆が1ダースで12本, 私の色鉛筆も12色」
といった. これに誘われるように, あちこちからまた元気な声がではじめた.
「新幹線のひかりは16両編成」
「サッカーの1チームは11人」
「1年は12か月」
「十五夜お月様」
「うしろの壁に貼られている図画が18枚」

小さな声で「13, 17, 19なんて数がでてくる例は思いつかないね」「13日の金曜日」「不吉だよ」「ぼくの兄さん19歳だよ」「そんなこといったらきりがないわよ. 私のお姉さんは14歳」と話し合っているグループもある. 先生はにこに

こして皆の話を聞いておられたが，こんどは
　「では次に，21 から 100 までの数がでるもので，思いつく
ものは何でしょうか」
と尋ねられた．
　純一君の手がさっと上がった．
　「このクラスで男子生徒は 28 人，女子生徒は 23 人です」
茶目っ気のある正雄君は，
　「先生の年齢」
といって，皆を笑わせた．先生は
　「ぼくの年齢は 35 歳と 45 歳の間です」
といってそれで答をすませてしまった．本当は 43 歳である．
生徒たちは，ひとりひとり，小さな声で
　「21, 22, 23」…「50, 51, 52」…
とつぶやきながら思いつくものを探している．はる子さんが
突然大きな声で
　「トランプは，ジョーカーを入れなければ，52 枚，ジョー
カーを入れれば，53 枚」
といったので，皆は少しびっくりした．はる子さんも，自分
がそんな大きな声を出したつもりではなかったので，恥ずか
しそうにしている．あとは
　「1 分は 60 秒」
　「夏も近づく八十八夜」
などという答があった．
　そこで先生が次のような話をされた．

先生の話

いま皆といっしょに考えてみてわかったように，1から10くらいまでの数ならば，あたりを見まわすと，いくらでもそのような数を使って数えられるものに出あうことができます．しかし20くらいの数になると，身近にあるもので，すぐ思いつくようなものが少し減ってきます．だからきっと大昔の人は，指を使って1から10までの数を数え上げれば，それ以上はもう「たくさんある」といってしまっても，そんなに不便を感じることはなかったのかもしれません．皆が考えてくれた11から20までの数がでる例でも，大昔の人たちにはなかったものや，無理に数える必要のないようなものでした．

21から100までの数になると，いま皆が探してみてわかったように，もっと見つけにくくなります．先生の年齢や，お父さん，お母さんの年齢を考える人がいるかもしれませんが，それは3冊の本や5つのりんごのように，具体的に目の前にあって，1つ2つと数えられるようなものではありません．

♣ 少しむずかしい言葉でいえば，数が大きくなると，しだいに具象的なものから抽象的なものになっていく．

それからもう一つ注意することは，79や83のような数がでるような具体的な例は，あたりを見まわしても，そんなにたびたび見つかるものではないということです．—— もっと

もお祖父さんの年齢が 79 とか，財布の中にいまちょうど 83 円しかないというようなときは別ですが――．

それでは，1 から 10 までの数は使うことが多いので大切にし，79 や 83 などという数は，どこかにしまっておくという考え方でよいのでしょうか．それはそうではありません．運動会で紅白 2 つの組に分かれて，球入れゲームをするとき，ゲーム終了後カゴに入った球を，1 つずつ空へ投げ上げて大声で「1 つ，2 つ，…」と数えます．最後まで数え上げないと，カゴの中の球が 51 なのか，63 なのか，72 なのか，そんなことはだれにもわかりません．79 なのかもしれません．

身近にあるものの中からは，79 という数がめったに現われないとしても，私たちは，数をひとまず身近なものから切り離し，独立にあらかじめ

$$1, 2, 3, \cdots, 79, 80, 81, \cdots$$

と用意しておかなくてはならないのです．この中に現われるある数がとくに大切だということはありません．そして私たちは，この数を用いて，まだどれだけあるかわからないものの集まりを，1 つ，2 つと数えていくのです．もっとも数えていくといっても，たくさんのものがあって，それをどこまでもどこまでも数えていくことは，きりのない仕事のようになってしまいます．

日本ではあまり見かけない風景ですが，広い野原に羊を放して育てている人は，羊の数を確かめるため「羊が 1 匹，2 匹，…」と数え上げていくでしょう．しかし羊も大群になる

と，数えるのに疲れてしまって，最後まで数えきれなくなってしまいます．このことは，皆も幼いとき，「羊が1匹，羊が2匹，…」と数えながら，いつしかやすらかな眠りに落ちたことを思い出してみるとよくわかるでしょう．

もっと大きな数

先生の話にあった羊の数が示すように，大きな数，たとえば100を越すような数になると，1つ1つ数えることはなかなか大変なことになってくる．それでも100から1000あたりまでの数ならば，1つ1つ数え上げていくこともできるし，また大きさの感じもだいたい感じとることができる．大きさの感じが捉えられるということは，似たような状況がいろいろあって，それらと比較してみることができることにもよっているからだろう．

たとえば1年365日は，1日，1日書き記していく日記の分量を思いやってみるとわかるし，東京，大阪間553 kmは，新幹線のスピードが時速200 kmくらいだということと関連させてみると実感がわく．またこの駐車場には250台駐車できるなどということは，日常会話の中にもよくでてくる．

しかし，1000を越すような大きな数になってくると，私たちの数の感じは微妙に変わってきて，1つ1つ数えていくという感じは消えていく．それに代って，数は，対象とするものの数量的な大きさを総括的に示すようになってくる．

5000円を財布の中に入れたとき，実はこれが1円を5000枚もったことと同じだとはだれも考えない．一方，1円を5000枚重ねてみても，これが本当に5000円かどうか確かめることは大変な作業だろう．少し違うたとえをひいてみれば，今から3500年くらい前には，エーゲ海にミュケーナイ文明が盛えていた．しかし3500年という歳月は私たちには実際はどのように想起してよいかよくわからない大昔なのである．

もっともっと大きな数

手元にある『岩波科学百科』の中から，もっともっと大きな数を拾い出してみよう．

海洋の面積は次のようである．

太平洋　　165250000 km^2
大西洋　　 82440000 km^2
インド洋　 73440000 km^2
全海洋　　361000000 km^2

もし，世界地図か地球儀を思い浮かべなければ，私たちは，この数字を見ただけでは何も頭の中に浮かんでこないだろう．これらの数は，確かに海洋の面積を示しているのだが，私たちにはこの数から読みとれるのは，何か広漠とした感じだけであって，それは実感のとぼしい，抽象的な大きさであるといってよい．

もう少しこのような例を書いてみよう．

'血液中の赤血球の数は，成人男子 500 万/mm^3，成人女子 450 万/mm^3'

'光の速さは 299792458 m/sec'

'ウラン 238 の半減期は 45 億年'

'オルドビス紀：地質時代の古生代の中で，カンブリア紀につぐ 2 番目の時代．約 5 億年前から約 4 億 3800 万年前までの，およそ 6200 万年間にあたる．三葉虫，筆石，オウムガイなどが全盛'

'太陽から金星までの平均距離は 1 億 800 万 km'

'地球からふたご座の星カストルまでの距離は 430000000000000 km(0 が 13 個)'

'現在のこの宇宙には 1 兆個もの銀河が，100 億光年以上の領域に分布している'

小さな数から大きな数まで

このように話を進めてみると，数はさまざまな場所に現われていることに気がつく．私たちは，数というと，ふつうは毎日の買物で，スーパーマーケットのレジで受け取るレシートに記載されているような，ごく身近に出あう数のことを考える．もちろんそれはそれでよいのだが，一方では，私たちが絶対たどり着くことのできない，銀河系のはてにあるような星までの距離も，数を使って表わすことができるという驚きを忘れてはいけないだろう．未知の世界の新しい探索によ

り，いままでみたこともないような大きな数で測らなければならない対象に出あっても，それを書き記すことができるような，大きな巨大な数がすでにちゃんと用意されているということは，考えてみると実に不思議なことではないだろうか．スーパーマーケットでのレシートに書かれている数も，1つ，2つと指折り数えていくだけでは決してたどっていけないような大きな数も，'数' という概念の中では総合化され，1つになっている．

'数' は，日常的なことがらだけではなく，日常の世界とは隔絶した夢のような世界にもはたらきかけていくことができる．もし人間が数という表現をかちとらなかったなら，指折り数えるだけで，この広大無辺の自然に対し，どれだけのことが科学的に語れたかを思ってみるとよい．数という抽象的な概念は，私たちが目の前で展開する多様な世界を凝視しながら，私たちの観念の中で，長い歳月をかけて醸成されてきたものである．この観点に立てば，2500年前，数学の祖ともいわれるピタゴラスが確かに聞いたと信じた宇宙と数との間の調和の調べは，数学の根底にあって，いまもなお静かに弦の調べを伝え続けているのである．

問　題

[1] 次の ☐ の中に適当な数の単位(漢字)を入れなさい．

一，十，百，千，☐，10☐，100☐，1000☐，

億, 10 億, 100 億, 1000 億, ☐, 10 ☐, 100 ☐, 1000 ☐
(このあとに続く単位は, 京(けい), 垓(がい)である.)

[2] 次の数をよみなさい.
100000000, 38650010247

[3] 人間の心臓は 1 分間に 70 回鼓動しているとすると,
 (i) 1 時間で何回鼓動するか.
 (ii) 1 日で何回鼓動するか.
 (iii) 1 年(365 日)で何回鼓動するか.
 (iv) 80 年で何回鼓動するか.
(このような問題には電卓を使ってみるとよい.)

[4] 1 分間 120 歩の速さで 1 日 6 時間歩くとすると,
 (i) 1 日で何歩歩くか.
 (ii) 1 年(365 日)で何歩歩くか.
 (iii) 1 歩の歩幅を 50 cm とすると, 1 年に何 cm 歩くことになるか. また 1 年に何 km 歩くことになるか.
 (iv) 地球から月までの平均距離は 384400 km である. SF 的な設問だが, この速さで月に達するには大体何年くらいかかるだろうか.

お茶の時間

質問 ピタゴラスについて，少しお話を聞かせてください．

答 ピタゴラスは伝承の中の人であって，いまもまだ霧に包まれた存在である．しかし，ピタゴラスをめぐるさまざまな伝承をつづり合わせると，次のようなピタゴラス像が浮かび上がってくる．

ピタゴラスは西暦紀元前580年ごろ，ギリシャのサモス島に生まれたとされている．(この当時の文献はいまは1つも残っていない．) サモス島は現在のトルコ海岸に近いところにある．かれはミレトスへ旅行し，そこでターレス(B.C. 624–527 ごろの人)から数学を学んだとされている．ターレスは，伝説によれば，ピラミッドの高さを最初に測定した人でギリシャ数学の祖といわれている人である．

ピタゴラスはエジプトとバビロンにも旅行し，そこでさらに数学の考えを得てきた．紀元前540年ごろ，ギリシャの植民地であったクロトン(現在の南イタリアにある)に落ちつき，そこで後にピタゴラス学派とよばれるようになった学派をつくった．

この学派のモットーは'万物は数である'であって，宇宙と数との間に神秘的な荘厳な調和があると考えていた．Mathematics(数学)という言葉も，'学ばれるもの'という意味で

あって，ピタゴラス学派がつくったものとされている．ピタゴラス学派は，秘密の宗教集団のような集まりでもあったようであり，その戒律は厳格なものであったといわれている．その中にはたとえば'豆は食すべからず'というような奇妙なものも含まれていた．

　ピタゴラスは，最後には政治にまでかれの影響力を行使しようとした．しかし民衆の抵抗にあい，難を避けるために逃亡したが，紀元前497年にメタポンタムの近くで殺害されたと伝えられている．伝承を信ずれば，このときかれは80歳を越えていたはずである．

火曜日

自　然　数

どこまでも大きくなる数

1日目の話をもとにして、私たちのよく知っている数
$$1, 2, 3, \cdots, 99, 100, 101, \cdots$$
をもう一度よくみることにしよう．ここで 1, 2, 3 と 99 の間にはさまれた … は，4 からはじまって 98 までの 95 個の数が順番に並んでいることを示している．もしこの … をうめなさい，という問題が出れば，だれでもためらわずに
$$4, 5, 6, 7, 8, 9, 10, 11,$$
と書き続けていって，98 までの数を書くだろう．

一方，右のほうに 101 のあとに記してある … は，このあとにどこまでもどこまでも大きな数が並んで存在していることを示している．この … の先に終りはない．だれも最後まで見届けることはできないのである．… を 1 つ 1 つたどっていくと，やがて 1 のあとに 0 が 100 個も並ぶような大きな数も，1 のあとに 0 が 1 億個も並ぶような想像を絶する巨大な数もでてくるだろう．私たちは，このような数が … の先のほうに存在することは，疑う余地のないことだと思っている．だが，このような認識の力がどこからくるかはわからない．しかし数学は，このような認識の力を，数学という言葉や考えを用いて，一層明確な形で取り出そうとするのである．

こうした大きな数に最初に目を向けたのは古代の大数学者

火曜日　自然数　19

アルキメデス(B.C. 287-212)であった．このことについて，少し長くなるが，イー・ヤ・デップマン『算数の文化史』(藤川誠訳，現代工学社，1986)から引用してみよう．(ここに10の巾(べき)の話がでてくるが，$10^2 = 100, 10^3 = 1000$ のような使い方で 10^8 や $10^{8 \times 10^8}$ の記法を用いていることを知っていればよいだろう．)

♣　アルキメデスは著書『プサムミーテス』(砂の計算)のなかで数列を無限に延ばすことができることを立証した．かれは，当時ギリシャ人が用いていた1万の1万倍 ($10000 \times 10000 = 10^8$) までの数を表わす数記号を用いて計算しているが，最後の数(1億)は含めていない．こうした1から $10^8 - 1$ までの数(つまり1億未満の数)を，アルキメデスは《第1階の数》とよんだのである．さらに 10^8 を 10^8 倍することによって $10^8 \times 10^8 = 10^{16}$ の数まで達している．この 10^8 から $10^{16} - 1$ までの数を，かれは《第2階の数》とよんだ．

アルキメデスは，このように 10^8 の 10^8 倍の操作を繰り返していくことによって，

$$10^{8 \times 10^8} = 10^{800000000}$$

(1のあとに0が8億個並ぶ!!)の数にまで達している．1からこの数までに現われる数を，かれは《第1周期の数》と名づけたのである．

さらにアルキメデスは，$10^{8 \times 10^8}$ を計算単位にとって，第1周期の数をつくる過程を2回，3回，…，10^8 回と繰り返し，順次 $10^{8 \times 10^8 \times 2}, 10^{8 \times 10^8 \times 3}, \cdots, 10^{8 \times 10^8 \times 10^8}$ の数まで達した．この最後の数は

$$10^{8\times10^{16}} = 10^{80000000000000000}$$

となる．そしてこの数をさらに計算単位にとれば，数列をいくらでも先に延ばすことができると考えた．そこでアルキメデスが行なった計算によると，当時考えられていたような全宇宙に充満している砂粒の数は，10^{63} 以下となる．宇宙に充満している砂粒の数を計算するには，この数体系のほんのわずかな部分を用いるだけで十分なのである．

教室の風景

先生が上のような話をされてから
「アルキメデスは，大きな数の表記法をどのようにしたらよいかと考えて，大きな数の現われる具体的な例として，宇宙を砂でうめつくすには，どれくらい砂粒を必要とするかという問題を取り上げたのかもしれません．もっとも宇宙といっても，当時の考えと観測にしたがって，太陽は地球のまわりを円軌道を描くとして，その面積を計算し，そこを砂でうめるということを考えたのです．このような壮大な想像力を駆けめぐらせて，それを数学の問題としようとしたところに，古代の人たちの夢と，アルキメデスの天才があったのでしょう」
といって，話を終られた．

教室の中に，古い時代と広大な空間がまじり合ってくるような茫漠とした空気が少しただよってきたようであった．しばらくして純一君が質問に立った．

火曜日　自然数　　21

「数の中に，そんなに途方もなく大きな数を用意しなくてもよいと思います．そんな大きな数は一生のうち一度も使うことはないでしょう．使うことのないようなたくさんの数を，1, 2, 3, … の … で表わされる '倉庫' の中にしまいこんでおくのも妙ですし，数というと，いつでも 1, 2, 3, … と書くのも，何だかおかしい気がします．」

この質問に同感したのか，教壇のすぐ前の机にすわっていた2人の生徒が話し合っている．

「本当にそうだよね．恐竜が住んでいたころが大昔だといったって，1億4000万年から，6500万年前のことでしかないんだから，そんなに大きな数はいらないと思う．」

「アルキメデスがいま生きていたら，太陽系も寿命があるんだから，その寿命が終るころまで高速コンピューターを回し続けてでてくるくらいの大きな数まで用意しておけば，この世の中のなにを測るのにも十分だと考えたかもしれないわよ．」

先生はじっと考えておられたが，やがてゆっくりとした口調で次のように話された．

先生の話

確かに数を使用するという目的からいえば，兆の単位がでるところまででふつう使うのには十分です．もっと大きな数を用意しておくとしても，アルキメデスが《第1周期の数》と名づ

けたところまで用意すれば十分すぎるくらいでしょう．それより大きい数に出あうことなど，ふつうの人には決してないし，数学者でも，特定の値がそんなに大きな値となって目の前に現われるのを見ることは，めったにないことと思います．

それでも私たちは，$1, 2, 3, \cdots$ の先に最後の数 N があって，数は $1, 2, 3, \cdots, N$ だけであるという考えは受け入れにくいのです．私たちだれでもこの先にさらに $N+1, N+2$ という数が続いていくと考えるでしょう．

なぜ，アルファベットならば，$a, b, c, \cdots, x, y, z$ と書いて，これで全部であるといっても誰もあたりまえなことと思うのに，数は，$1, 2, \cdots, N$ で全部だというと，それは納得しがたいことだと思うのでしょう．文字に対する感覚と数に対する感覚は，たぶん私たちの中で，はっきりと違ったものなのです．指折り数えた子供のころのことを思い出してみてもわかるように，私たちは数に対する感覚の中から，1つのものから次のものへ移るようなはたらきをつねに感じとってきました．5の次には6がくるのです．6の次には7がくるのです．7の次には8がくるのです．数は，たとえばアルファベットの k のように静かにおかれているのではなく，つねに次のものを生成する原理を内部にもっているといってよいのです．ですから，私たちの数の考えの中に，それ以上先へ進めない最後の数というものはないのです．この終りのない数という考えを表現するために，私たちは，実際使用されることがあるかどうかという問題と離れて，数をどこまでも続く系列と

して
$$1, 2, 3, \cdots$$
と表わすのです．

自然数のもつ性質

いままで述べてきたことを背景にして，自然数とはどういうものか，またどのように考えたらよいものかを考えてみよう．

もちろん
$$1, 2, 3, 4, 5, \cdots, n, \cdots \tag{1}$$
と表わされる数を**自然数**といえばよいわけだが，これだけでは自然数のもつ特徴的な固有な性質は何かといわれてもよくわからないし，またおしまいのほうにつけた … は何か，とあらたまって聞かれると，実際のところ何と答えてよいかわからなくなってしまう．

そこで，何かまだ正体がよくわからないが，数のいっぱいつまった大袋をもってきて，これの中味が(1)と同じものだと考えられるためには，どのようなことをチェックすればよいか，考えてみることにしよう．

♣ たとえば銀行に，硬貨のいっぱいつまった袋が持ちこまれたとき，これが100円貨が1000枚つまっていることを，どのようにして確かめるかというようなことである．このときには，一番簡便なのは，1枚，1枚確かめることである．別の方法としては，

中味はすべて100円貨からなるということを確認した上で，100円貨1枚の重さと，全体の重さを比べてみることも考えられる．このたとえと，自然数(1)のつまった袋の中味を確認することが違うのは，自然数の場合，1つ，1つ取り出して確認していってもきりがないことである．また重さを比べてみるようなこともできないということである．

そこで，数のいっぱいつまった大袋が目の前におかれたとし，それを N としよう．ここはもう少し数学的な言い方をすれば，'ものの集まり —— 集合 —— N が与えられたと考えよう'ということになる．問題は，N の中味が(1)と同じものであると考えられるためには，N のどんな性質に注目すればよいかということである．

まず，N の中には1が含まれていなくてはいけないだろう．そのことを明記して

---

i) $1 \in N$

と書く．ここで記号 $\in$ は，N の中に1が含まれているということを示している．

次に，自然数の生成原理，'どんな数 x に対しても次の数が存在する'に注目することにしよう．大袋 N の中には，ど

の数 x をとっても，次の数としてとるべき数 x' が，きちんと指定されているはずである．要するに，x に到着すれば次の1歩を踏み出すべき場所 x' が決まっていなくてはならない．この生成原理を取り出して書くと

> ii) $x \in \boldsymbol{N}$ ならば，必ずある数 x' があって，$x' \in \boldsymbol{N}$ となる．

と表わされる．

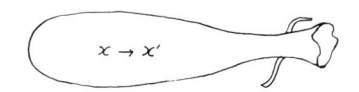

しかし，次の数，次の数と進んでいって，ちょうど池のまわりをひとまわりするように，また出発点へもどるようなことがあっては困るだろう．自然数は，一方向にどこまでも進んでいく！ したがって，次の数は，決して出発点にもどることはないという保証がいる．これは

> iii) どんな $x \in \boldsymbol{N}$ に対しても $x' \neq 1$ である．

と表わされる．

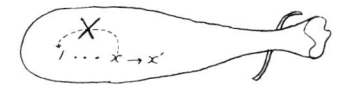

ここまできて注意深い人は次のような疑問を抱くかもしれない．自然数のことを何も知らない人が，大袋 N と，袋に貼られた'指示書' i), ii), iii) を見て，まず 1 をとり，次に 1′ を 2 と書くことにしよう，2′ を 3 と書くことにしようと進んだとき，あるところまできて，とつぜん足踏みをはじめて x' をとっても先へ進まず，$x'=x$ となることはないだろうか．もしこんなことが起きたら，x' の次に x'' へ移っても $x''=x'$ となり，そこでいつまでも足踏みすることになって，生成原理どころではなくなってくる．

また，x からスタートして，次から次へと進んで y まできたときに，y' がもとへもどって x' と一致するようなことがあっても困る．したがって i), ii), iii) という指示だけでは，つねに新しい数を生成しつづけるということを述べるには不十分なのである．そのため，もう1つ'指示書'につけ加える．

iv)　x と y が異なっていれば，x' と y' もまた異なっている．

この iv) をおくと，iii) とあわせることにより，足踏み現象も，y' をとったときもとへもどるような現象もおきないことが保証されるのである．

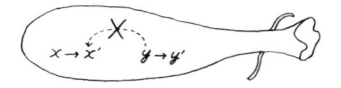

たとえば，$1'=2$ と書くと，この 2 は iii) によって 1 と違う数である．いま $2'=3$ とおいてみる．iii) により，3 は 1 と異なる数である．また $1 \neq 2$ から iv) により，$1' \neq 2'$，すなわち $2 \neq 3$ である．したがって 3 は 1, 2 と違う新しい数である．次に $3'=4$ とおくと，4 は iii) から 1 ではないし，また iv) から 4 は 2, 3 とも違う数であることがわかる．このようにして，x から x' へ移るたびに，次々と違う数がでてくることになる．

ペアノの公理

そこで，数の集まり $\boldsymbol{N}$ があって，そこには指示書に i), ii), iii), iv) が記載されているとする．そうすると私たちは

$$1'=2, \quad 2'=3, \quad 3'=4, \quad 4'=5, \quad \cdots$$

と表わしていくことにより，次から次へと $\boldsymbol{N}$ の中から数を取り出していくことができて，この集まり $\boldsymbol{N}$ の中には (1) で示されている系列が必ず含まれていると結論することができるようになる．

しかし，ここでも注意深い人は，自然数の系列 (1) の先に，まだ何かわけのわからない数 $\tilde{1}$ などあったらどうなるだろうと考えるかもしれない．もし

$$1, 2, 3, \cdots, n, \cdots, \tilde{1}$$

を含む大袋 $\tilde{\boldsymbol{N}}$ と，そこに指示書 i), ii), iii), iv) が添付されているならば

$$\tilde{1}' = \tilde{2}$$

とおくことにより，$\tilde{2}$ も $\tilde{N}$ に含まれていることがわかる．もし，$\tilde{1} \neq \tilde{2}$ ならば，ここから出発して前と同様に，$\tilde{N}$ には

$$1, 2, 3, \cdots, n, \cdots, \tilde{1}, \tilde{2}, \tilde{3}, \cdots, \tilde{n}, \cdots$$

が含まれていることがわかる．こうなると，$\tilde{N}$ は自然数の集まりより大きくなってしまう．

このことから，指示書の中に示されている i), ii), iii), iv) は，確かに次の元へと移り続ける生成原理の存在を保証しているが，このままでは，まだ自然数の枠組を超えてどこまでも進んでしまう可能性が残されている．N という大袋の口を閉ざす指示がさらにもう1つ必要なのである．

そのため最後にもう1つ次のような指示をつけ加えておく．

---

v) N の中の数の集まり M が，$1 \in M, x \in M$ ならば $x' \in M$ という性質をもてば，M は必ず N と一致する．

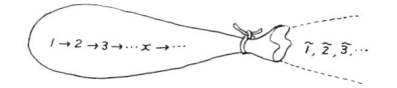

このv)でいっていることは，大袋 N の中に M という数の集まりがあって，1からはじまって，次から次へと進むという生成原理が M の中だけでみたされていれば，大袋 N の中味は，実は M の数全体からなっていると断言できるということである．だからv)の指示があると，たとえば上の

$$1, 2, 3, \cdots, \tilde{1}, \tilde{2}, \tilde{3}, \cdots$$

の系列の中で，最初の $1, 2, 3, \cdots$ を M としてみると，N の大袋の中味は M だけからなることがわかる．$\tilde{1}, \tilde{2}, \tilde{3}, \cdots$ は N の大袋には入ってこない！ その意味で，i),ii),iii),iv)だけではまだ開けっぱなしだった N という大袋の口が，v)によってはじめて閉ざされたのである．i)から v)までの指示で N の中味は，自然数 $1, 2, 3, \cdots$ からなることが保証されたのである．

1889 年にイタリーの数学者ペアノは，i), ii), iii), iv)に，さらに袋の口を閉じるこのような指示 v)をつけ加えて，これを自然数の公理として提示した．公理とは，要するに，この指示にしたがうものの集まりは，自然数と同じものと考えることができるということである．最後の指示 v)をつけ加えて，あらためてペアノの公理を書いてみると次のようになる．

ペアノの公理 数の集まり N があって，次の i)から v)までをみたしているとする．

　i)　　$1 \in N$

　ii)　　$x \in N$ に対して，$x' \in N$ がただ 1 つ存在する．

　iii)　　$x' \neq 1$

　iv)　　$x \neq y$ ならば $x' \neq y'$

　v)　　N の中に数の集まり M があって

> $1 \in M,$
> $x \in M$ ならば $x' \in M$
>
> という性質をもてば，$M = \boldsymbol{N}.$
>
> このとき $\boldsymbol{N}$ を自然数の集合といい，$\boldsymbol{N}$ に含まれている元を自然数という．

♣ v) は，数学的帰納法の原理とよばれているものである．自然数に関するある性質 P があって，「1 に対して P が成り立ち，また，もし x について P が成り立てば，x' についても P が成り立つ」ならば，実はこのことから，すべての自然数 x に対して，性質 P が成り立つことがいえる．これを保証するのが v) である．

ペアノの公理と無限

ペアノの公理のようなものがあることさえ知ってしまえば，私たちはどこかで安心した感じで，自然数

$$1, 2, 3, \cdots, n, \cdots$$

を考えることができる．しかしもう少し注意をつけ加えておこう．

このペアノの公理は，簡単にいえば，'指折り数える' というごく自然な行為を取り出し，抽象化したものにすぎないといえる．ただこの公理によって，数は，有限の世界を越えて，全体としては無限の世界の中で閉じることになった．それは，'どんなに大きな' 数から出発しても，そこからまた指折り数

えて，さらに先にあるものを数えることができる，という疑うべくもない直観を，この公理の中に積極的に取り入れたことにあるのだろう．

'指折り数える'という行為に関しては，数はどこからはじめても均質な様相を呈している．この均質さを崩さない限り，数は次から次へ続くというとぎれることのない連鎖によって，1からはじまって，どこまでもどこまでも，無限の彼方へと延び続けていくのである．

加　　法

個々の自然数ではなくて，自然数全体という観点でみるならば，数は，何かの数量を表記するためにあるというよりは，次のものへと移るという機能性によってはじめて捉えられるものであるといってよいようである．それならば数のもつこの機能性にもっと注目したほうがよいかもしれない．

この機能性をはっきりさせるために，自然数 n に対し n' は n から 1 だけ進んだところにあるということを明示するために

$$n' = n+1$$

と書くことにしよう．そうすると

$$\begin{aligned}2 &= 1+1 \\ 3 &= 2+1 = 1+1+1 \\ 4 &= 3+1 = 2+1+1 = 1+1+1+1\end{aligned} \quad (2)$$

のように表わされる.

このような表わし方にしたがえば,m からさらに n だけ進んだところにある数を
$$m+n = m+\overbrace{1+1+\cdots+1}^{n}$$
と表わすことになるだろう.これを m と n の**和**という.

このようにして加法という演算が誕生してくる.次へ続くという機能性は,数のもつ均質性の中で,'加える'という演算へと昇華してきたのである.

自然数の加法 —— 足し算 —— は
$$m+n = n+m$$
$$l+(m+n) = (l+m)+n$$
をみたしている.この上の式は**交換法則**とよばれるものであるが,日常の例で
$$5+3 = 3+5 = 8, \quad 12+8 = 8+12 = 20$$
などと書いてみるとごくあたりまえの式である.また下の式は**結合法則**とよばれるものであるが,これも
$$7+(10+2) = 7+12 = 19$$
$$(7+10)+2 = 17+2 = 19$$
のような例でみればあたりまえのことがわかる.

要するに,自然数を(2)のように,1 の和として分解してしまえば,1 をどのように集めてみても,全体の 1 の個数には変わりがあるはずがないということである.

自然数の大小と減法

自然数には大小関係がある．2つの自然数 m, n があったとき，n にさらにいくつかの数を加えて m が得られるとき，m は n より**大きい**自然数であるという．そしてこれを
$$n < m$$
と表わすのである．

m が n より大きいということは，要するに n より先に m があるということであり，n から出発して1歩，1歩進んでいけば，やがて m に到達するということである．たとえば，15 は 5 より大きいということは
$$15 = 5 + \overbrace{1+1+\cdots+1}^{10}$$
であり，日常の言葉でいえば，5歩からさらにもう10歩歩けば，15歩になるということである．このとき
$$15 - 5 = 10$$
と表わす．

一般に $n < m$ のとき，適当な数 a をとると
$$m = n + a$$
と表わされるが，この a を
$$a = m - n$$
と表わし，m と n の**差**という．$m > n$ のとき，m から n の差を求めることを**減法**——引き算——という．

自然数の足し算，引き算はよく知っていることだから，こ

れ以上述べると，かえってくどくなるだろう．しかしここでも1つの注意をしておこう．私たちは

$$36829714 - 5377$$

をすぐに計算して，答は 36824337 と求めることができる．自然数は，次から次へと移るという操作で生成されている考えに立てば，このことは，5377 から出発して，この次へ移る操作を 36824337 回繰り返して，はじめて 36829714 に到着することを意味している．しかし，だれもそんなことまで立ちもどって考えることもなく，簡単に計算して答を求めてしまう．それは，小学校で何度も何度も教えられ，練習した'計算術'の成果といってよいのだろう．

乗　　法

乗法というと少し改まりすぎるかもしれない．かけ算のことである．私たちは，九九を暗唱しながら，かけ算の感覚を身につけたようである．1冊 125 円のノートを 5 冊買ったときの値段は

$$125 \times 5 = 625$$

から，625 円と求めることができる．一般に m と n をかけたもの $m \times n$ とは，m を繰り返し n 回足したものである．

$$m \times n = \overbrace{m + m + m + \cdots + m}^{n}$$

$m \times n$ を m と n の積という．

少し大きな数をかけてみよう．光が1秒間に進む距離は，

299792458メートルである．光が1年間に進む距離を1光年という．一体，1光年とは何メートルなのだろうか．

まず1年は何秒かを求めなくてはならない．

　　1時間は　　60×60 = 3600(秒)
　　1日は　　　3600×24 = 86400(秒)
　　1年は　　　86400×365 = 31536000(秒)

したがって1光年は

$$299792458 \times 31536000$$
$$= 9454254955488000 (メートル) \quad (3)$$

となる．これは約9454兆2549億メートルである！

　もっともこうした大きな数の計算になると，筆算をするのはわずらわしいから，電卓を探してこようということになる．しかしふつうの電卓は8桁くらいしか表示しないから，こんな大きな数は表示枠からはみ出してしまって，やっぱりめんどうでも紙と鉛筆をもってきて計算しようかと憂鬱な気分になってしまう．

　しかし，電卓を使って次のように計算すればよいのである．まず

$$299792458 = 299000000 + 792000 + 458$$

に注意しよう．電卓を使って

$$299 \times 31536 = 9429264$$

したがって(末尾の0の数を数えて)

$$299000000 \times 31536000 = 9429264000000000$$

同じようにして電卓を使って

$$792000 \times 31536000 = 24976512000000$$
$$458 \times 31536000 = 14443488000$$

がすぐに求められる.

次にこの右辺の3つの値をたすと

```
      9429264000000000
         24976512000000
+           14443488000
─────────────────────
      9454254955488000
```

これで(3)が求められた.

乗法の規則と分配法則

乗法の基本的な規則は

$$m \times n = n \times m \quad (\text{交換法則})$$
$$l \times (m \times n) = (l \times m) \times n \quad (\text{結合法則})$$

の2つである.

上のほうは

$$5 \times 10 = 10 \times 5 = 50, \quad 126 \times 3 = 3 \times 126 = 378$$

のような式が成り立つことを示しているし,下のほうは,たとえば

$$2 \times (3 \times 8) = 2 \times 24$$

と

$$(2\times3)\times8 = 6\times8$$

がともに 48 に等しいというようなことを示している．

　交換法則も結合法則もあたりまえのことだと思えばそれはそれでよいのだけれど，式をじっと見ているうちに，たとえば交換法則のほうを，m を n 回加えたものと，n を m 回加えたものが，どうして等しいとわかるのだろうと疑いだすと厄介なことになる．

♣　もしこのような疑念が出たならば，これを解消する道は，ペアノの公理から出発して乗法を定義し，その定義に基づいて，論理的にきちんと交換法則と結合法則を証明しなくてはいけなくなる．このようなとき基本となるのはペアノの公理の v) で保証されている数学的帰納法であって，あるところで法則が成り立てば，次のステップでも法則が成り立つということを確かめていくのである．このような理論は，自然数論とよばれるものであるが，ここではそこまで立ち入ることはしない．

　直観的に交換法則を感じとるには，$m\times n$ は，縦 m (cm)，横 n (cm) の長方形の面積 (cm^2) を表わしていると考えるとよい．長方形をおきかえて，縦と横をとりかえても，面積は変わらない．このことは $m\times n = n\times m$ にほかならない．

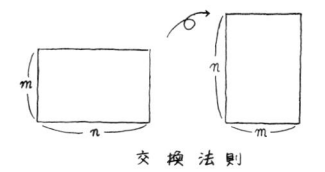

交 換 法 則

同じような考えで結合法則を説明しようとすると，今度は

縦，横，高さが，それぞれ l (cm), m (cm), n (cm) の直方体の体積を考えるとよい．この直方体の体積は一般に

底面積×高さ

で与えられる．したがって $(l \times m) \times n$ (cm³) がこの直方体の体積となる．この直方体をぐるりと回して，縦，横，高さを m, n, l とすると，体積は $(m \times n) \times l$ (cm³) と計算されることになる．

　直方体をどのようにおいても体積は変わらないのだから，このことは $(l \times m) \times n = l \times (m \times n)$ を示している（ここで交換法則を用いた）．これは結合法則である．

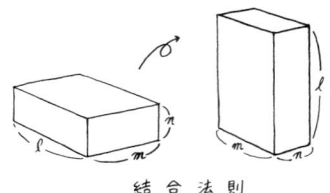

結 合 法 則

　しかし，1光年が何メートルの距離になるかを，電卓を用いて計算した計算規則は，乗法の交換法則でも結合法則でもない．それは**分配法則**とよばれる次の規則である．

$$(l+m) \times n = l \times n + m \times n \quad \text{（分配法則）}$$

もちろん交換法則があるから，この式は

$$n \times (l+m) = n \times l + n \times m$$

と書いても同じことである．

分配法則は，加法と乗法との関係を述べている．言葉でいえば「足してからかけても，かけてから足しても，結果は同じになる」ということである．分配法則を用いて計算すると，計算が簡単になる例を1つ挙げておこう．

$$\begin{aligned}
100205 \times 398 &= (100000 + 205) \times 398 \\
&= 100000 \times 398 + 205 \times 398 \\
&= 39800000 + (200 + 5) \times 398 \\
&= 39800000 + 200 \times 398 + 5 \times 398 \\
&= 39800000 + 79600 + 1990 \\
&= 39881590
\end{aligned}$$

この計算をみると，分配法則とはどのようなものかが，よくわかるだろう．

問 題

[1] 自然数の2つの組 (m, n) を考える．このような全体を M としよう．M の中には，$(2,3)$ とか，$(100,5)$ のようなものがすべて含まれている．

いま，$(1,1)$ のことを **1** と表わすことにし，$x = (m, n)$ に対して，$x' = (m+1, n+1)$ とおくことにすると，M はペアノの公理をみたすだろうか．

[2] 次の答を求めなさい．（上手にすると暗算でできる．）
$$(46982+2+1600+18+1398)\times 23$$

[3] 次の計算を電卓を用いて行ないなさい．
$$1643852\times 8635$$

[4] 5を23回加えた数を，36回加え合わせる．この数に13を足して，さらに160回加え合わせるといくつになるか．

お茶の時間

質問 ペアノの公理をみたすものが自然数であるというお話でしたが，$1'=3$, $3'=5$, $5'=7$, … とおくと，$\{1,3,5,7,\cdots\}$ だけでも自然数の公理をみたしてしまいます．これは何だか不思議な気がしますが，どう考えたらよいのでしょう．

答 いわれてみれば，そのような疑問がでてくることはもっともなことだと思う．ペアノの公理をみたすものを自然数といい，そこから出発して自然数のもつ性質を論理的にきちんと導いていくような方法を，数学者は公理論的な方法とよんでいる．このような立場でもっとも基本となる考えは，公理で規定するのは，その対象がみたすべき本質的な性質であって，それをどのように表示するかということではないということである．ペアノ先生のいう自然数をどのように表わす

かは，原理的には，各人各様でよいのである．そうはいっても，本当にそうすれば，数のもつ普遍的なはたらきが阻害されてしまうから，ふつうはいまは世界共通となった 1, 2, 3, … を用いるのである．昔の日本の人たちならば，壹，貳，参，四，伍，… を用いたろうし，ローマの人たちならば，I, II, III, IV, V, … を用いたろう．君が 1, 3, 5, … をじっと見て，これを自然数というのはおかしいと感じたのは，すでに自然数を 1, 2, 3, 4, … と表わすという先入観があったからである．数のことをまったく知らない人に，1 の次の数を 3 と書き，3 の次にくる数を 5 と書くと教えても，この人には何の不思議な感じもないだろう．

その意味では，ペアノの公理の i) で $1 \in N$ と書いたことは，誤解をよびやすいかもしれない．i) は，'ある元 $e \in N$ が存在する' と書いた方がよかったのだろう．そのあとで，e を 1 と表わし，$1'$ を 2 と表わし，$2'$ を 3 と表わし，… と書く方が本筋である．

いずれにせよ，公理 i)―v) までで自然数を構成する設計図の基本的な部分はすべて書きこまれているということが，ペアノ先生の洞察であった．あとはこの設計図の指示にしたがって，どのような外観 ── 表記法 ── で，自然数の理論をつくっていくかは問題とはしないのである．

君の質問で思い出したが，このような公理論的な方法というのは，20 世紀初頭，ヒルベルトという大数学者の強い影響力の下で，数学の中に急速に浸透してきた考えなのだが，

1910年ごろには，公理で規定された 1 と 1 が，どうして同じものと判定されるかという議論もあったようである．1 と 1 は明らかに違う大きさをしているからである．しかし，数学の問題とするところは，内在する性質と，その性質相互間にある関係であって，表記にかかわる認識の問題ではないのである．

水曜日

倍数と約数

倍　　数

自然数は，加法を中心としてみる限り，1つ1つの数が規則的に並べられ，全体としてまとまった均質的な姿を示している．それは加法の基本に，次の数へ移る —— 1を加える —— という自然数の固有の性質が含まれているからである．しかし，乗法については，自然数のこの均質的な結びつきが弱まってきて，それに代ってそれぞれの自然数が独自の姿をとって，個性的に振る舞うようになってくる．

それをみるために，倍数という考えを導入することにしよう．自然数 a の**倍数**とは，a を何倍かして得られる数のことである．すなわち

$$1\times a, \ 2\times a, \ 3\times a, \ \cdots, \ n\times a, \ \cdots$$

のように表わされる数のことを a の倍数という．

このようなとき，かけ算の記号 × を省略して

$$1a, \ 2a, \ 3a, \ \cdots, \ na, \ \cdots$$

と書くのがふつうである．

♣　ここで数学の記号のことに少し触れておこう．＋（プラス）と－（マイナス）の記号は，15世紀の終りごろから使われ出した．＋の記号の由来は，and に相当するラテン語 et を走り書きして筆写しているうちにつくり出されたものらしい．－の方は，minus（マイナス）の頭文字 m の省略記号ではないかといわれている．

乗法の記号 × は，1600 年代にイギリスで使われたが，ヨーロッパ大陸のほうでは，この記号はそれほど早くは普及しなかった．15 世紀ころの代数の写本では，$5x$ とか $6x^2$ のように，むしろ乗法の記号は省略して書かれていた．またライプニッツが 1698 年にベルヌーイへ送った手紙の中には '私は乗法の記号として × を好まない．それは容易に X と混同するからである．私は 2 量の間に入れた・によりその積を表わす' と書かれているそうである．

私たちもこれからしだいに，$m \times n$ と書く代りに mn と書くことにしよう．

なお，数学記号の歴史については，大矢眞一，片野善一郎『数学と数学記号の歴史』(裳華房，1978)が特色があり，いろいろと参考になることが多い．

2 の倍数は

$$2, 4, 6, 8, 10, 12, \cdots, 2n, \cdots$$

である．

2 の倍数を**偶数**という．偶数でない自然数を**奇数**という．

3 の倍数は

$$3, 6, 9, 12, 15, 18, \cdots, 3n, \cdots$$

4 の倍数は

$$4, 8, 12, 16, 20, 24, \cdots, 4n, \cdots$$

5 の倍数は

$$5, 10, 15, 20, 25, 30, \cdots, 5n, \cdots$$

である．

2 の倍数は，自然数を 1 つおきに飛びながら大きくなっていく．3 の倍数は 2 つおきに，4 の倍数は 3 つおきに，5 の

倍数は4つおきに飛びながら大きくなっていく．一般にaの倍数は，aから出発して，$a-1$個の自然数を飛び越しながら大きくなっていく．

0の導入

さて，そろそろ0(零)を導入しておいたほうが都合がよい．数学の歴史の上では，0の導入には長い道のりを必要とした．それは，数が，ものの数量や個数を表わすものであると考えているかぎり，'何もないものの個数' を示すような0という数を導入することは，非常にむずかしい考えとなるからである．これについては吉田洋一『零の発見』(岩波新書)を参照していただくことにして，ここでは，読者が0はよく知っているとして，0を導入しておくことにしよう．

0の基本的な性質は
$$0+0 = 0, \quad a+0 = 0+a = a$$
である．分配法則を用いることにすると，これから
$$0 \times a = 0$$
が得られる．実際
$$a = 1 \times a = (0+1) \times a = 0 \times a + 1 \times a$$
$$= 0 \times a + a$$
から $0 \times a = 0$ となる．同様にして $a \times 0 = 0$ もわかる．

倍数の系列と公倍数

倍数の系列を考えるとき，0を出発点にとると，下の図のように，各倍数の系列が，いっせいに0からスタートするようになって気持がよい．（ただし0は倍数の中に入れない．）

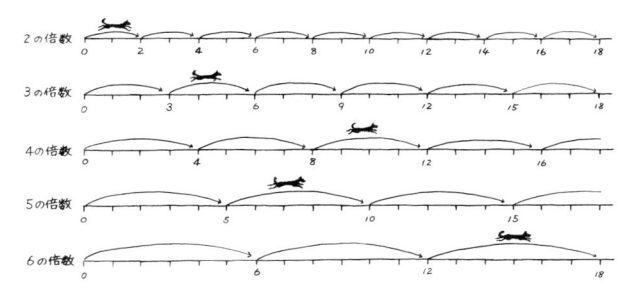

2の倍数　0　2　4　6　8　10　12　14　16　18
3の倍数　0　3　6　9　12　15　18
4の倍数　0　4　8　12　16
5の倍数　0　5　10　15
6の倍数　0　6　12　18

この図を見ていると，0から出発した2の倍数の系列と3の倍数の系列が最初に重なるのが6であり，次は12, 18であることがわかる．すなわち6, 12, 18は2の倍数でもあるし，3の倍数にもなっている．このような数を2と3の**公倍数**という．公倍数の'公'は，'共通な'という意味である．2と3の公倍数は，ちょうど6の倍数

6, 12, 18, 24, 30, 36, 42, …

からなっている．6はこの中で一番小さいので，2と3の**最小公倍数**という．

同じように図を見ると，2と4の公倍数は，4の倍数

$$4, 8, 12, 16, 20, 24, 28, \cdots$$
からなることがわかる．2と4の最小公倍数は4である．

3と4の公倍数は，12の倍数
$$12, 24, 48, 60, 72, 84, \cdots$$
からなる．3と4の最小公倍数は12である．

割 り 算

前ページの図を見ると，$16=2\times 8$ ということは，16という地点が，0からスタートして歩幅2で飛んでいくと8回目に到達する地点であることがわかる．このことを
$$16 \div 2 = 8$$
で表わす．あるいは，16という長さは，長さ2の糸を何回つなげたら得られるか，という問いに対する答が8であるといってもよい．これを16を2で割ると8であるという．あるいは16を2で割った商が8であるという．ここに割り算が誕生してくる．かけ算のことを乗法というように割り算のことを除法ともいう．

同じようにして3の倍数のところを見て，割り算の記法を用いてみると
$$9 \div 3 = 3, \quad 15 \div 3 = 5$$
また6の倍数のところを見ると
$$18 \div 6 = 3$$
となっているが，このことは $18 = 6 \times 3$ と同じことである．

一般に

$$m \div n = a \iff m = na$$

である.すなわち $m \div n = a$ ならば $m = na$ が成り立ち(これは矢印 $\Rightarrow$ で示してある),また逆に $m = na$ ならば $m \div n = a$ が成り立つ(これは矢印 $\Leftarrow$ で示してある).記号 $\iff$ は,この 2 つの矢印を 1 つにまとめたものである.

♣ また記号のことに触れておく.割り算の記号 $\div$ は,スイスのラーンという人が,1659 年に代数の本で用いたのが最初であったといわれている.この記号はニュートンに採用されてから,イギリスやアメリカで広く用いられるようになったが,ヨーロッパでは $\div$ よりは比の記号:が多く用いられていた.18÷6=3 を表わすのに,18:6=3 と書くのである.冗談のようであるが,割り算の記号 $\div$ は多少不経済なのである.実際,18 を 6 で割ることは,18:6 と書いてもよいし,$\frac{18}{6}$ と書いてもよい.:でも —— でも割り算が表わせるのに,記号 $\div$ は同じ意味をもつ 2 つの記号:と —— を重ねている!

約　　数

2 つの自然数 a, b に対して,a が b の倍数となるとき,b を a の**約数**という.要するに,b が a を割り切るとき,b を a の約数というのである.

15 の約数は,1, 3, 5, 15 である.

24 の約数は，1, 2, 3, 4, 6, 8, 12, 24

である．

31 の約数は，1, 31

だけである．

b が a の約数ならば，0 から出発して歩幅 b で飛んでいくと，何回かの跳躍のあとで必ず a に到着する．

公倍数に対応して，**公約数**(共通の約数)という言葉もある．たとえば

    3 は 15 と 24 の公約数である

という．このことは 3 は 15 の約数でもあるし，24 の約数でもあることをいっている．いくつか例を書いてみよう．

    7 は 14 と 35 の公約数である．

    10 は 20 と 100 の公約数である．

    200 は 400 と 2000 の公約数である．

公約数は 1 つとは限らない．たとえば 20 と 100 の公約数は

    1, 2, 4, 5, 10, 20

の 5 個である．

また 48 と 120 の公約数は

    1, 2, 3, 4, 6, 8, 12, 24

の 8 個である．ここで 24 は公約数の中で一番大きいものなので，24 を 48 と 120 の**最大公約数**というのであるが，これについてはすぐあとで述べよう．

水曜日　倍数と約数　　51

教室の風景

　倍数，約数の話だけでは生徒たちは少し退屈になってきたようなので先生は素数の話をすることにした．

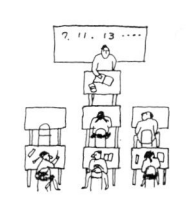

　先生は次のように話をはじめられた．

「自然数の全体を，倍数という考えでふるいにかけてみたいのです．しかし 1 は，どの数 a をかけても $1a=a$ であまり面白くありません．ふるいの目が詰りすぎてふるいとしての役に立たないのです．そこで 2 からはじめることにして，

$$2, 3, 4, 5, 6, 7, 8, \cdots \qquad (1)$$

をまず 2 の倍数でふるいにかけてみましょう．ふるいの目の大きさは 2 で，2 の倍数だけがふるいの目から落ちていくと考えるのです．

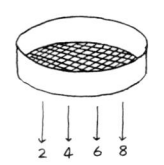

2の倍数でふるいにかける

そうすると (1) の中でふるいに残るのは

$$3, 5, 7, 9, 11, 13, 15, \cdots \qquad (2)$$

となります．そこで今度は (2) を 3 の倍数でふるいにかけてみましょう．ふるいの目は少しあらくなって，系列 (2) の中

で3の倍数だけがふるいから落ち，ふるいの中に残るのは
$$5, 7, 11, 13, 17, 19, 23, 25, 29, \cdots \qquad (3)$$
となります．

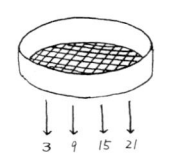

3の倍数でふるいにかける

今度は，5の倍数で(3)をふるいにかけてみます．5の倍数の目から落ちなくて，ふるいの中に残るのは
$$7, 11, 13, 17, 19, 23, 29, \cdots \qquad (4)$$
です．

2と3の倍数で，すでにふるいにかけられ下に落ちたものが多くなったせいもあって，(3)と(4)を見くらべみると，このふるいで下に落された最初のものは5，次は25となって，ずいぶんとびとびになります．

次に7の倍数で(4)をふるいにかけてみますと，(4)の中でふるいから落ちるのは，7, 49, その次は77だということがわかります．

(1), (2), (3), (4)の最初に出ている数
$$2, 3, 5, 7$$
は，前に出ている数では割れないために(2は少し特別ですが)，ふるいの中に残った一番小さい数です．この数が次の

ふるいの目の大きさを決めます．この 7 の次に続く，このような数は

$$11,\ 13,\ 17,\ 19 \qquad (5)$$

です．

　このように系列(1)の中で，前に出ている数では割れないような数を**素数**といいます．ですから p が素数というのは，p の約数は 1 と p しかないということです．p が素数ならば，1 と p の間にある数は，p の約数とはならないのです．

　いまお話ししたことは，

$$2,\ 3,\ 5,\ 7,\ 11,\ 13,\ 17,\ 19$$

が素数だということです．19 を割りきる数は 1 と 19 しかないのです．私たちは，いまこの素数をふるいの目として，順次自然数をよりわけていったのです．

　それでは(5)のあとに続く素数を 100 まで求めてごらんなさい．要するに，1 と自分以外では割りきれないような数を探すことになります．」

教室は少しにぎやかになった．

「21 は 3 で割れるからだめ」

「23 は素数だけれど，27 は 3 と 9 で割れてしまう」

「29 はよいようね」

………

「47 を割る数はないよね」

「49 は 7 で割れるけれど，51 は？」

「51 は 3×17 だから，やはり素数でないなあ」

そんな声があちこちから聞えて，しばらくして「できた」「わかった」という声が聞えてきた．先生が見てまわると，大体みんなのノートに同じ数が並んでいる．そこで先生が，黒板に1から19までの素数を書いて，

「では山田君，このあとに続く素数を書いてごらんなさい」

といった．山田君が書き加えた素数も全部書いてみると，2から100までの素数は次の25個である．

  2, 3, 5, 7, 11, 13, 17, 19, 23, 29, 31, 37, 41, 43, 47,

  53, 59, 61, 67, 71, 73, 79, 83, 89, 97

先生は，ポケットからメモを取り出して，それを見ながら

「ついでに100から200までの素数を書いてみましょう」

といって，黒板に次のように書かれた．

  101, 103, 107, 109, 113, 127, 131, 137, 139, 149, 151,

  157, 163, 167, 173, 179, 181, 191, 193, 197, 199

先生の話

素数は，倍数のふるいの目から落ちなかったものの中から，順次最小の数をひろい出してきたものですが，みんなが求めてみてもわかるように，自然数の系列の中で素数の現われ方はかなり不規則なものとなっています．自然数が，順次1を加えていくような加法的な性質によって次から次へと均質的な様相を保ちながらつながっていく状況は，ここでは消えてしまったようです．たしかに素数の考えの背景にあるのは，加法

的なものではなく，倍数とか約数の考えに支えられた乗法的なものなのです．

　200までの素数は上に書きましたが，ここまでのふるいでまだ残っている自然数はたくさんあります．その最初のものが211で，これが200を越えたところにある最初の素数となります．この次の素数は223です．このように次から次へと現われる素数を表にして書いたものを素数表といいます．もっとも次から次へと書くだけでは現われてきそうもないような大きな大きな素数も知られています．その1つを書いてみましょう．

　　　170141183460469231731687303715884105727

これはルカスという人が1876年に発見した素数です（この値は $2^{127}-1$ に等しいのです）．

　それでは，どんな大きな素数も本当にあるのでしょうか．いいかえれば，素数はどこかで終りになるのではなくて，無限に存在しているのでしょうか．このことについては，いまから2300年も昔のギリシャの人たちが，すでにその答を知っていました．古代ギリシャの数学の姿をいまに伝える有名なユークリッドの『原論』の中に

　　　　　　'素数は無限に存在する'

という定理の証明がのせられています．ユークリッドの証明は次のようなものです．

　もしも素数が有限個しかなく，それを

$$2, 3, 5, \cdots, p_n$$

とします．このときどの自然数をとっても，必ずこの中の1つでは割りきれるはずです．すなわち，$2, 3, \cdots, p_n$ のふるいで，すべての自然数は(どれかの倍数となって)下へ落ちてしまっているはずです．ところが，
$$a = 2 \times 3 \times \cdots \times p_n + 1$$
という数を考えてみますと，a は，2で割っても，3で割っても，$\cdots$，p_n で割っても1余る数となっています．これは矛盾です．したがって素数は無限に存在します．

この証明で，a という数を見ると，どんな自然数にも次の数がある——1を加えることができる——という自然数のもつ性質が，きらりと光っていることがわかります．

割りきれない数

12は，2, 3, 4で割りきれるが，5で割りきれなくなる．5で割ると2余る．これは図で見たほうがわかりやすい．

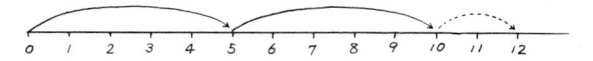

0から出発して5の歩幅で歩く人は，2歩歩くと10の地点にきて，これ以上同じ歩幅で歩くと12を越して15に達してしまう．10のところでひとまず止まって，歩幅を2におとして1歩進んで(あるいは歩幅を1にして2歩進んで)12に到着する．このことを式では
$$12 = 2 \times 5 + 2$$

営む

「生活をいとなむ」などという言い方もあるが、もとは忙しく仕事をする意味。『広辞苑』によれば、その語源は「暇無し」の語幹に動詞を作る語尾「む」の付いたもので、つまり「休む間が無い」という言葉に由来する。そういえば、英語の「ビジネス(business)」も「忙しい(busy)」に名詞を作る語尾 -ness の付いた語。日々仕事に追われるのはいずこも同じか。

ことばは、自由だ。

新村 出編
広辞苑 第七版
岩波書店

普通版(菊判)…本体9,000円
机上版(B5判／2分冊)…本体14,000円

ケータイ・スマートフォン・iPhoneでも
『広辞苑』がご利用頂けます
月額100円

http://kojien.mobi/

［定価は表示価格+税］

あるいは

$$12 \div 5 = 2 \quad 余り 2$$

と表わす．

♣ 数学では上の式のほうを用いる．下のほうの式は算術のときに使うようである．下のほうの式は5で割った余りが2であるということを見やすく表わしているが，この式を読むのは'12を5で割った商は2で，余りは2である'と少し古めかしいいい方になる．

同じように

$$63 = 10 \times 6 + 3$$

は，63の地点まで行くのに6の歩幅で10歩歩き，次に歩幅を3におとして1歩歩くことを示している．

最大公約数

少し別の問題を取り上げよう．

いま，ある商店街で歳末の大売り出しをしようとしている．商店街の人たちはこんなことを考えた．

各商店から，a円とb円の品物をたくさん出してもらって，それを商店街の中央にある景品交換所に積んでおく．一方，各商店には1枚q円分の交換券を用意しておく．商店街で買物をしたお客様には，買物の額に応じてこの交換券を何枚か渡す．お客様はこの交換券をもって景品交換所に行き，交換券に相当する額の景品をもらう．

さて，交換券は，何枚かきちんとそろえば，必ずa円の

品物か，b 円の品物が交換できるようにしたほうがよい．そうかといって，交換券を 1 枚 1 円分などとすると細かすぎて枚数が増え大変である．

たとえば，20 円と 15 円の商品を景品としておいているときには，交換券を 1 枚 5 円分としておくとよい．交換券を 3 枚集めれば 15 円の景品，4 枚集めれば 20 円の景品がもらえるということになる．

28 円と 20 円の景品をおいているときには，交換券を 1 枚 4 円分としておくとよい．5 枚集めれば 20 円の景品がもらえ，7 枚集めれば 28 円の景品がもらえる．

'約数' の節でも述べたように，48 と 120 の公約数は

$$1, 2, 3, 4, 6, 8, 12, 24$$

だけある．このことは，48 円の品物と 120 円の品物を用意しておいたとき，この中のどの数も，交換券の額面として採用してよいことを示している．たとえば交換券の額面を 6 円としておけば，8 枚集めれば 48 円の品物がもらえるし，20 枚集めれば 120 円の品物がもらえる．しかし，交換券の額面を高くしたほうがいろいろの手数が少なくなる．いまの場合は 24 円とするとよい．そうすると 2 枚で 48 円の品物がもらえ，5 枚で 120 円の品物がもらえる．

つまり商店街の人たちは，手数のことも考えれば，a と b（景品の値段（円））の公約数の中で最大なもの —— 最大公約数 —— を交換券の額面 q （円）とするとよい．

このようにして，最大公約数の考えが，商店街の人たちの

水曜日　倍数と約数　　59

知恵から，ごく自然に生まれてくる．

　それでは175円と84円の品物を景品としたときには？このとき175と84の最大公約数は次のように求められる．

$$175 = 84 \times 2 + 7 \tag{6}$$

$$84 = 7 \times 12 \tag{7}$$

　このことから，7が175と84の最大公約数のことがわかる．実際(7)の式は，7円分の交換券を12枚集めると84円の景品がもらえ，(6)の式は(交換券の枚数に書き直してみると)7円分の交換券を

$$12 \times 2 + 1 = 25(枚)$$

だけ集めると，175円の景品がもらえることを示している．7より大きい数をもってきては，もう175と84を同時に割りきることはできないことは(6)をみるとわかる．

♣　もし，景品の値段が1141円と112円のときは，交換券の額面は何円にするのがよいだろうか．この額面をq円としてみよう．すなわち，1141と112の最大公約数qはいくつだろうか．このときにも

$$1141 = 112 \times 10 + 21 \tag{8}$$

$$112 = 21 \times 5 + 7$$

$$21 = 7 \times 3$$

という計算から，最大公約数は7であることがわかる．少しこの計算を説明すると，(8)は，qが1141と112の最大公約数であるなら，qは余りの21と112の最大公約数でなければならないことを示している．すなわち，求めるqは，112円と21円の商品を景品としたときの，交換券の額と同じことになった．それから

先は上に述べたことと同様である．

それでは 2225 円と 979 円の商品を景品としたときには？　このときには

$$2225 = 979 \times 2 + 267$$
$$979 = 267 \times 3 + 178$$
$$267 = 178 \times 1 + 89$$
$$178 = 89 \times 2$$

という計算から，交換券の額面を 89 円にするとよいということがわかるのである．

なお，2 つの数の最大公約数を，このようにして求める方法を，**ユークリッドの互除法**という．互除法という言葉は，一般には割りきれない 2 つの数をもってきたとき，割って出た余りでまた前の数(除数)を割っていくという操作を繰り返していくことを，上手にいい表わしていると思う．余りがなくなるまで割って出てきた数が，2 つの数の最大公約数である．

問　題

[1]　次の中に素数が 3 個まじっている．どれが素数か判定しなさい．

283,　287,　302,　341,　365,　389,　409

[2]　1 から 100 までの数で，2 の倍数はいくつあるか．3 の倍数はいくつあるか．2 の倍数でも，3 の倍数でもないものは

いくつあるか．

[3]　196 と 60 の最大公約数を求めなさい．

[4]　(1)　3 で割りきれ，5 で割りきれる数は必ず 15 で割りきれるといえるだろうか．
　　 (2)　4 で割りきれ，6 で割りきれる数は必ず 24 で割りきれるといえるだろうか．（この問 [4] については，お茶の時間参照）

お茶の時間

質問　6 は 6＝2×3 と 2 つの素数の積で表わされます．120 は 120＝2×2×2×3×5＝2^3×3×5 と 5 つの素数の積で表わされます．どんな自然数でも，次々と約数で割って，その約数をまた細かく割っていくということを繰り返せば，ちょうど物質が最後には元素にまで分解されるように，素数の積に分解されると思います．この予想は正しいでしょうか．

答　君の考え方も予想も正しい．一般的にいえば，どんな自然数 $a(\geqq 2)$ も

$$a = p_1{}^{k_1} p_2{}^{k_2} \cdots p_n{}^{k_n}$$

と表わすことができる．ここで $p_1, p_2, \cdots, p_n$ は相異なる素数，$k_1, k_2, \cdots, k_n$ は適当な自然数である．またこのような表わし

方は，$p_1, p_2, \cdots, p_n$ の順番さえ問題としなければただ一通りである．これを自然数 a の素因数分解という．このことはごくあたりまえのことに思えるかもしれないが，数学者はやはりきちんと証明した上で，正しいと確認する．この証明は，基本的には君の考えにしたがって行なうことになるのだが，ここでは省略しよう．

2桁の数ならば素因数に分解することはすぐにできるが，少し大きな数になると，素因数分解を見つけることはむずかしくなる．たとえば'136954397を素因数に分解しなさい'という問題がでても，どうしてよいかわからないだろう．実際の答は

$$136954397 = 17 \times 23^2 \times 97 \times 157$$

である．現実には，$2, 3, 5, 7, \cdots$ と順次素数で割っていって，素数の約数を探していくことになる．

2つの自然数 a, b の素因数分解が幸いわかっているときには，a と b の最大公約数も最小公倍数もすぐに求めることができる．たとえば2数

$$1980 = 2^2 \times 3^2 \times 5 \times 11$$
$$22950 = 2 \times 3^3 \times 5^2 \times 17$$

の最大公約数を求めるときには，右辺の素因数分解を見くらべてみるとよい．そうすると2は両方に1つ，3は両方に2つ，5は両方に1つ共通に含まれていることがわかる．この共通に含まれている素数を全部かけ合わせた

$$2 \times 3^2 \times 5 = 90$$

が，1980 と 22950 の最大公約数となる．

　最小公倍数のほうは，両方の素因数分解を見くらべて，2^2 と 2 は大きいほうの 2^2 を，3^2 と 3^3 は大きいほうの 3^3 を，5 と 5^2 は 5^2 のほうをとり，さらに一方にしか含まれていない 11 と 17 もいれて，これらをすべてかけ合わせたものである．したがって
$$2^2 \times 3^3 \times 5^2 \times 11 \times 17 = 504900$$
が 1980 と 22950 の最小公倍数となる．

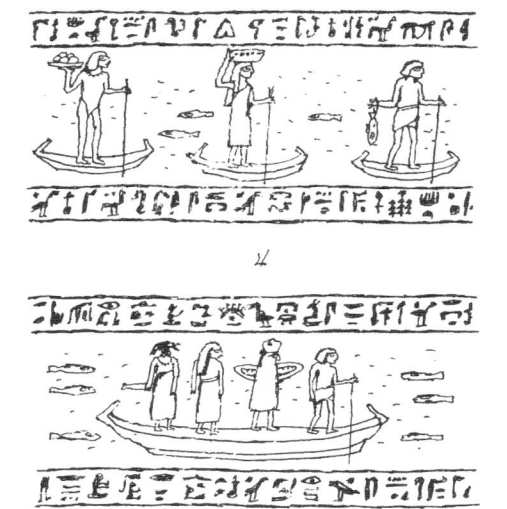

木曜日

分　　数

線分演算

数学が学問として誕生し,自立して育つようになったのは,いまから2400年ほど昔のギリシャにおいてであった.アクロポリスの神殿を照らす明るい光と,エーゲ海の輝きが数学誕生の舞台となった.

ギリシャの人たちは,数を線分を用いて表わしていた.$a+b$は,長さaの線分と長さbの線分をつなぎ合わせることにより表わしていた.またかけ算$a \times b$は,1辺がa,他の1辺がbである長方形の面積として表わしていた.たとえば次の図は,公式

$$(a+b)^2 = a^2+2ab+b^2$$

が成り立つことを示している.

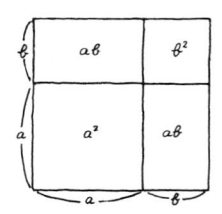

次に下の図を見てみよう.左でカゲをつけてある長方形は,横が$a+b$,縦が$a-b$であってこの面積は$(a+b)(a-b)$となっている.ところが濃いカゲをつけた △ の部分の面積

は右の図で △ をつけた部分の面積に等しい．このことに注意すると，公式

$$(a+b)(a-b) = a^2-b^2$$

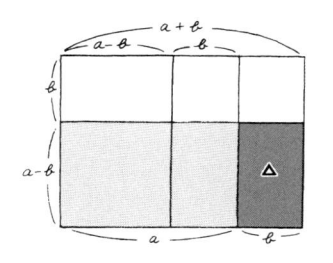

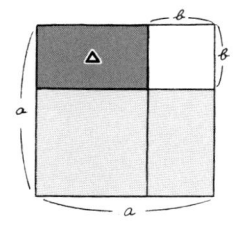

が成り立つことがわかる．

　数を線分で表わし，数の間で成り立つ関係を幾何学の図形の間の関係から読みとろうとする考えは，古代ギリシャの人たちの，幾何学に対する深い関心からわき上がったものであって，ユークリッドの『原論』には，このような線分演算から導かれるいくつかの結果がのっている．

分数の誕生

　さて，数を線分で表わすという考えから，ごく自然に分数の考えが生まれてくる．いま長さ 1 の線分の代りに，まっすぐにはった長さ 1 の糸が，1 という数を表わしていると考えることにしよう．この糸を真中(まんなか)のところで半分に折る．

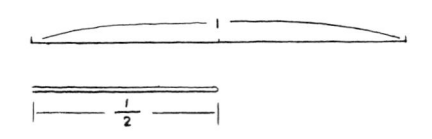

このとき，この半分になった糸の長さの表わし方を新しく導入しなくてはいけなくなる．私たちはこの糸——線分——は

$$\frac{1}{2}$$

という長さを表わしていると約束する．すなわちこの表記は，長さ1の線分を2つ折りにしたときの長さを表わしているとするのである．

同じように長さ1の糸を3つ折りにして得られる長さを$\frac{1}{3}$，4つ折りにして得られる長さを$\frac{1}{4}$，…，m等分になるように折って得られる長さを$\frac{1}{m}$と表わすことにする．

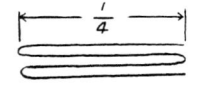

いままで何度も話にでてきた自然数の系列

$$1, 2, 3, 4, 5, \cdots, n, \cdots \tag{1}$$

は，線分演算の立場でみれば，長さ1の線分を2つつなげると2になり，3つつなげると3になり，4つつなげると4になる，…ということである．

同じように考えると，長さが$\frac{1}{2}$の線分を2つつなげたも

のを $\frac{2}{2}$, 3つつなげたものを $\frac{3}{2}$, 4つつなげたものを $\frac{4}{2}$, …と表わすことが自然なことになるだろう．このようにして，$\frac{1}{2}$ を数の基準にとったとき，(1)に対応する新しい数の系列

$$\frac{1}{2}, \frac{2}{2}, \frac{3}{2}, \frac{4}{2}, \frac{5}{2}, \cdots, \frac{n}{2}, \cdots$$

が得られる．

　もちろん，$\frac{1}{2}$ の線分を2つつなぐと1になり，4つつなぐと2になるのだから

$$\frac{2}{2} = 1, \quad \frac{4}{2} = 2$$

のような等号が成り立っている．

　$\frac{1}{3}$ の線分を，順次2つ，3つ，4つ，…とつなげたものを考えることにより，数の系列

$$\frac{1}{3}, \frac{2}{3}, \frac{3}{3}, \frac{4}{3}, \frac{5}{3}, \cdots, \frac{n}{3}, \cdots$$

が得られる．

　一般には $\frac{1}{m}$ の長さの線分を，次々につないで延ばしていくことにより，線分演算の立場から，新しい数の系列

$$\frac{1}{m}, \frac{2}{m}, \frac{3}{m}, \frac{4}{m}, \frac{5}{m}, \cdots, \frac{n}{m}, \cdots$$

が生まれてくる．

このようにして得られた数

$$\frac{n}{m}$$

を**分数**という．m を**分母**，n を**分子**という．

(1)の自然数の系列を，この表記に合わせて書くには，長さ1の線分を基準にとってつなげていったとみると

$$\frac{1}{1}, \frac{2}{1}, \frac{3}{1}, \frac{4}{1}, \frac{5}{1}, \cdots, \frac{n}{1}, \cdots$$

という書き方になるだろう．しかしこれはいかにもわずらわしいので，ふつうは(1)のように書くが，自然数も分数と考えることができるということは，覚えておいたほうがよい．

等しい数を表わす分数

分数 $\frac{n}{m}$ は，要するに $\frac{1}{m}$ の長さの線分を n 個つないだ線分の長さを表わしている．

いま $\frac{1}{m}$ の長さの線分を，もう一度等しい長さに k 回折り曲げた線分の長さを考えてみる．この短くなった線分を，最初の $\frac{1}{m}$ の線分にもどすには k 回つなげるとよい．さらにこのようにしてできた $\frac{1}{m}$ の線分を m 個つなげば，長さ1の線分が得られる．すなわち，この折り曲げた線分を全体として mk 回つなげていくと，長さ1の線分が得られる．

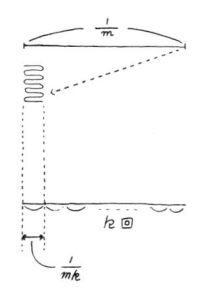

このことは，$\frac{1}{m}$ の長さの線分を，k 回等しい長さに折り曲げて得られる線分は

$$\frac{1}{mk}$$

という分数を表わしていることを示している．

　同じように考えると，$\frac{1}{m}$ の長さの線分を n 回つなげて $\frac{n}{m}$ の線分に達する操作を，$\frac{1}{m}$ の長さの線分を，k 回折り曲げてからスタートすることにすると，

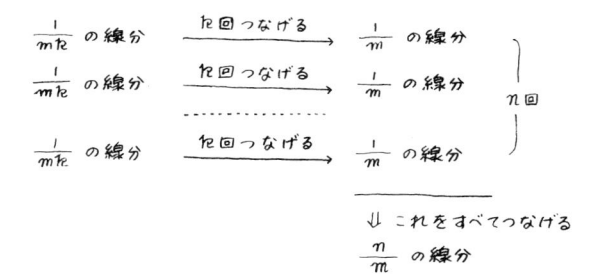

$$\left.\begin{array}{l}\frac{1}{mk} \text{の線分} \xrightarrow{n\text{回つなげる}} \frac{1}{m} \text{の線分} \\ \frac{1}{mk} \text{の線分} \xrightarrow{n\text{回つなげる}} \frac{1}{m} \text{の線分} \\ \cdots\cdots\cdots\cdots\cdots\cdots\cdots\cdots\cdots\cdots \\ \frac{1}{mk} \text{の線分} \xrightarrow{n\text{回つなげる}} \frac{1}{m} \text{の線分} \end{array}\right\} n\text{回}$$

　　　　　　　　　　　　　↓ これをすべてつなげる
　　　　　　　　　　　　　$\frac{n}{m}$ の線分

となる．

このことは $\frac{1}{mk}$ の長さの線分を，全体として nk 回つなげると $\frac{n}{m}$ の長さの線分が得られることを示している．いいかえると，$\frac{1}{mk}$ の長さの基準で測った数の系列

$$\frac{1}{mk}, \frac{2}{mk}, \frac{3}{mk}, \frac{4}{mk}, \cdots$$

の中で，ちょうど nk 番目のところにある数が，$\frac{n}{m}$ の長さを表わしていることになる．これで等式

$$\frac{n}{m} = \frac{nk}{mk} \qquad (2)$$

が成り立つことがわかった．ここで k としては，1, 2, 3, … のどれをとってもよい．すなわち，分母と分子に同じ数をかけても分数の値は変わらない．

たとえば $m=5$, $n=4$ のとき

$$\frac{4}{5} = \frac{8}{10} \qquad (k=2)$$

$$= \frac{20}{25} \qquad (k=5)$$

$$= \frac{28000}{35000} \quad (k=7000)$$

一般に(2)の関係を，右辺を約分すると左辺になるという．

分数の足し算

自然数のときには，たとえば $100+123$ は，100 のところから，あと 123 歩歩くと，223 のところに着くという意味で，足し算

$$100+123 = 223$$

を考えることができた．自然数のとき足し算が，ごく自然なものと考えることができたのは，自然数の中では 1 を加えるというはたらきがつねに基本にあったからである．どの自然数から出発しても，たとえば 100 から出発しても，1 歩，1 歩歩いていくと，たとえば 123 歩歩いていけば，223 のところに達することができるということは，自然数の中に基本性質として含まれている．

分数でも，歩幅の基準が一定しているときには，同じ考えを適用することにより，足し算を簡単に定義することができる．たとえば

$$\frac{5}{7}+\frac{3}{7} = \frac{8}{7}$$

$$\frac{8}{12}+\frac{15}{12} = \frac{23}{12}$$

である．上の式は，$\frac{1}{7}$ の長さの線分を 5 つつなぎ合わせたものと，3 つつなぎ合わせたものをもってきて，この 2 つをもう一度つなぐと，長さ $\frac{1}{7}$ の線分を 8 つつなげたものにな

っているということである.

下のほうの式は,歩幅のいい方でいえば,$\frac{1}{12}$ の歩幅の人が最初 8 歩歩き,次に 15 歩歩けば,全体として $\frac{1}{12}$ の歩幅で 23 歩歩いたことになるということである.

それでは長さの基準が違うようなとき,分数の足し算をどう考えたらよいだろうか.たとえば $\frac{1}{3}$ と $\frac{1}{5}$ のように長さの基準の違う 2 つの分数の系列

$$\frac{1}{3}, \frac{2}{3}, \frac{3}{3}, \frac{4}{3}, \frac{5}{3}, \ldots \tag{3}$$

$$\frac{1}{5}, \frac{2}{5}, \frac{3}{5}, \frac{4}{5}, \frac{5}{5}, \ldots \tag{4}$$

から,それぞれ 1 つずつ分数をとったとき,この和をどのように定義するのが自然なのだろうか.

私たちは

$$\frac{1}{3} + \frac{2}{5}$$

をどのように考えたらよいかを問題としてみよう.そのため,まず下の図を見て,基準にとった $\frac{1}{3}$ と $\frac{1}{5}$ の違いをよく頭に入れておくことにしよう.私たちが知りたいのは,斜線をつけてある部分の 2 つの線分 OB と OC をつなぎ合わせると,その長さはどのように表わされるかということである.

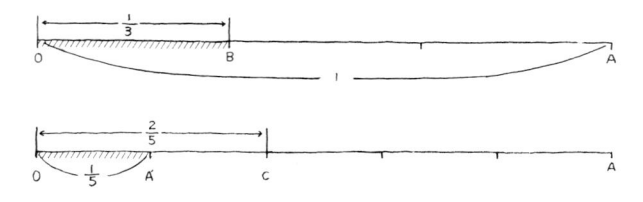

この図をじっと見ていると，次のようなことが思われてくる．OB は，OA という長さの基準 1 を与える線分を 3 等分して得られたものである．いま，基準となる線分 OA を（O だけはとめておいて）$\frac{1}{5}$ に縮小し，OA′ に重ねてみたらどうだろうか．

OA をゴムひもと思うと，下の図のように全体を $\frac{1}{5}$ に縮めてしまうのである．

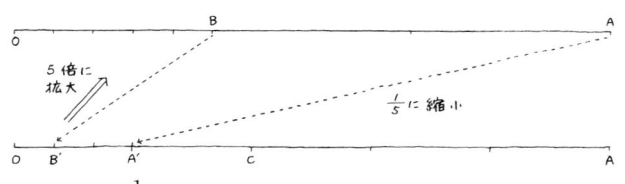

このとき，$\frac{1}{3}$ の長さの線分 OB は，OB′ へと移る．OB′ の長さは次のようにわかる．

$$\text{OB}' \xrightarrow[3\text{つつなげる}]{} \text{OA}'$$
$$\text{OA}' \xrightarrow[5\text{つつなげる}]{} \text{OA}$$

したがって OB′ に等しい長さをもつ線分を 3×5＝15 だけつなげると，長さ 1 の線分 OA が得られる．したがって OB′

の長さは

$$\frac{1}{15}$$

に等しい.

　OB′ を 5 倍に延ばすと OB が得られるのだから，OB′(と同じ長さの線分)を **5 つ**つなぐと OB となる．また OB′ を **3 つ**つなぐと OA′ となり，**6 つ**つなぐと，OC となる．したがって，OB と OC をつないだ線分の長さは，OB′ を 5+6＝11 (個)つないだ線分の長さとなっている．すなわち

$$\frac{11}{15}$$

である．

　この線分演算の結果を分数の形で表わすと

$$\frac{1}{3}+\frac{2}{5}=\frac{11}{15}$$

となることがわかった.

　ここで述べたことは結局，3×5＝15 により，$\frac{1}{15}$ の線分を基準にとると，$\frac{1}{3}$ も $\frac{1}{5}$ も(したがってまた $\frac{2}{5}$ も)この基準によってともに測ることができるということである．すなわち

$$\frac{1}{3}=\frac{5}{15}, \quad \frac{2}{5}=\frac{6}{15}$$

であり，したがって

$$\frac{1}{3}+\frac{2}{5}=\frac{5}{15}+\frac{6}{15}=\frac{11}{15} \qquad (5)$$

となる．

　このような考えを，線分演算を用いないで，分数という形式の中だけでおし進めようとすると，基本になるのは実は公式(2)なのである．実際

$$\frac{1}{3}=\frac{1\times 5}{3\times 5}=\frac{5}{15}, \qquad \frac{2}{5}=\frac{2\times 3}{5\times 3}=\frac{6}{15}$$

となり，したがって(5)が成り立つのである．

　この考えを適用すると，系列(3)から任意にとった分数と，系列(4)から任意にとった分数を加えることができる：

$$\frac{8}{3}+\frac{7}{5}=\frac{8\times 5}{3\times 5}+\frac{7\times 3}{5\times 3}=\frac{40}{15}+\frac{21}{15}=\frac{61}{15}$$

$$\frac{126}{3}+\frac{988}{5}=\frac{126\times 5}{3\times 5}+\frac{988\times 3}{5\times 3}=\frac{630}{15}+\frac{2964}{15}=\frac{3594}{15}$$

　このように分数の分母を等しい数にそろえることを**通分する**という．分母が違う2つの分数を足すときには，通分してから足すのである．いまわかったことは，通分するには，2つの分母の積を，新しい分母にするとよいということである．たとえば

$$\frac{1}{8}+\frac{6}{13}=\frac{1\times 13}{8\times 13}+\frac{6\times 8}{13\times 8}=\frac{13}{104}+\frac{48}{104}=\frac{61}{104}$$

$$\frac{64}{235}+\frac{163}{348}=\frac{64\times 348}{235\times 348}+\frac{163\times 235}{348\times 235}$$

$$= \frac{22272}{81780} + \frac{38305}{81780} = \frac{60577}{81780}$$

教室の風景

先生が分数の話をここまでされてから，
「何でもよいから，思いつくことがあったら質問してごらんなさい」
といわれた．何人かの手が上がった．話の途中から考えこんでいたかず子さんが最初に質問をはじめた．

「私はいままで分数というと，何か自然数 1, 2, 3, … とはずいぶん違うものだと思っていました．でも先生のお話のように考えてみますと，自然数に近いものかもしれないと思えてきました．たとえば

$$\frac{1}{2}, \frac{2}{2}, \frac{3}{2}, \frac{4}{2}, \cdots$$

という分数の系列を，先生がいわれたように，$\frac{1}{2}$ の歩幅で1歩，1歩進んでいったところを表わしたものだとすれば，これはペアノの公理で，最初の出発点となるもの(公理の i))を $\frac{1}{2}$ と表わし，x の次の元の x' を $x'=x+\frac{1}{2}$ としたものにほかならないと思います．分数とは，自然数と同じ性質のものがいっぱい重なり合ったものと思ってよいのでしょうか．」

先生 「たしかに分数というのは，数の世界でみれば，1の間隔で等間隔につくられた目盛り ── 自然数 ── だけでは

なく，$\frac{1}{2}$ の間隔の目盛りも，$\frac{1}{3}$ の間隔の目盛りも，…，$\frac{1}{m}$ の間隔の目盛りも，…これらをすべておき，いわば細かい細かい等間隔に並ぶ目盛りを全部用意したようなものだと考えることもできるのです．そのようにみれば，$\frac{1}{2}, \frac{1}{3}, \frac{1}{4},$ … を基準としてつくる分数の目盛りは，すべて自然数のつくるもっとも標準的な目盛りのミニアチュアとなっています．しかしそれはあくまで，それぞれの目盛りの規則正しさを述べているにすぎません．分数というときには，1つの目盛りにのっている数だけではなく，いろいろな目盛りにのっている数を，いっせいに取り扱うことができなくてはなりません．たとえば足し算にしても

$$\frac{5}{423}+\frac{91}{6238}+\frac{8}{31}$$

なども考えることになります．ここでは $\frac{1}{423}$ の目盛りの5番目にある数と，$\frac{1}{6238}$ の目盛りの91番目にある数と，$\frac{1}{31}$ の目盛りの8番目にある数が登場しています．こうなると自然数を見る視点だけでは，分数の世界はなかなかとらえられなくなってきます．通分のときに話したことは，このような和を自然数と同じ観点で取り扱うためには，目盛りを

$$\frac{1}{423\times6238\times31}=\frac{1}{81798894}$$

まで細かくしておかなくてはならないということです．逆にいえば，必要に応じていくらでもいくらでも細かな目盛りが用意されているというのが分数の世界なのです．」

次に山田君が質問に立った.

「公式 $\dfrac{n}{m} = \dfrac{nk}{mk}$ は, たとえば $\dfrac{75}{100} = \dfrac{3 \times 25}{4 \times 25} = \dfrac{3}{4}$ のように, むずかしい形をした分数をかんたんにするのに有効なのだと思います. このようなことを '**約分する**' と小学校で習いましたが, 分数の約分ということを, 少し話していただけませんか.」

先生「純粋に数学の立場でいえば, $\dfrac{75}{100}$ を $\dfrac{3}{4}$ と書こうが, $\dfrac{15}{20}$ と書こうが同じことです. しかしそうはいっても, $\dfrac{75}{100}$ が $\dfrac{3}{4}$ と等しいことが直観的にすぐ感じとられないようでは, 日常生活に不便を感じるときもあるでしょう. また分数計算を実際行なう場合, できるだけ分数をかんたんな形にしてから計算をはじめたほうが楽なことも確かです. そのような考えもあって, 算数の授業では約分ということを強調するのでしょうが, 約分できる分数は約分して表わしなさいと教えてしまうと, 少し大きな数が分母と分子に現われると, 約分できるかどうかは実際は判定できない場合が多くなるという問題も生じてきます. '約分' は, ここでは公式 $\dfrac{n}{m} = \dfrac{nk}{mk}$ の理解を深めるステップと考えることにしておきましょう.」

川村君は通分について, 次のような質問をした.

「僕は通分のことについてお聞きしたいのですが.

$$\dfrac{1}{3} + \dfrac{5}{9} = \dfrac{3}{9} + \dfrac{5}{9} = \dfrac{8}{9}$$

のように, このときには $\dfrac{1}{3}$ のほうの分母だけに注目して,

分母を9にそろえることによって通分できます．先生のいわれたように，3×9＝27に分母をそろえなくてもよいようです．このことについて，少しお話していただけませんか．」

　先生　「たしかにそのとおりで，いまの場合は，$\frac{1}{3}$は，$\frac{1}{9}$の目盛りで測って，ちゃんと3番目のところにある分数だから，$\frac{1}{9}$の目盛りで通分することができるのです．$\frac{1}{3}+\frac{5}{7}$ならば，やはり3×7＝21を分母として通分しなくてはいけないでしょう．

　一般的にいえば，$\frac{a}{m}+\frac{b}{n}$を通分するには，分母をmとnの最小公倍数lにそろえればよいのです．このとき

$$mk = l, \qquad nk' = l$$

と書けますから

$$\frac{a}{m}+\frac{b}{n} = \frac{ak}{mk}+\frac{bk'}{nk'} = \frac{ak+bk'}{l}$$

となります．lが通分するためにとれる最小の数であるということは，すぐわかるでしょう．」

先生の話

　いま質問にでなかったようですが，比のことについて少しお話しておきましょう．比は日常の言葉の中でもよく登場します．たとえば「このバスの乗客で男性と女性のわりあいは5対3くらいだ」とか，「昨年と今年の衣料の売り上げのわりあいは8対7だった」というようないい方はよく聞くでしょう．

数学では，この'わりあい'のことを比といい，記号では5対3は5：3と書き，8対7は8：7と書きます．このように2つの量をくらべるとき，比という概念が登場します．5：3ということは，一方の大きさを5とすれば，他方は3で表わされるということです．あるいはいいかえると，それぞれの量は，適当にkをとると

$$5k, \ 3k \tag{6}$$

と表わされるということです．バスの乗客が男25人，女15人のとき，男女の乗客比は5：3ですが，このとき(6)で$k=5$とすると，ちょうど人数の値となっています．バスがこんできて，男50人，女30人となっても，男女の乗客比はやはり5：3です．このときは(6)で$k=10$とすると人数の値となっています．

このように5：3で表わされる2つの量は，いろいろな値をとりますが，(6)からもわかるように

$$\frac{5k}{3k} = \frac{5}{3}$$

の値は変わりません．これを5：3の比の値といって，比と分数を結びつけることができます．

逆に$\frac{n}{m}$という分数は，$n：m$という2つの量の間の比の値を与えていると考えることができます．このような観点から，比と比の値を同じものと考えることがあって，そのときには数学の記号の上では

$$5:3 = \frac{5}{3}$$

として取り扱うことになります．

　しかし，比と比の値——分数——を同一視する見方を強調しすぎると混乱することがあります．それは比のほうでは連比という概念があるからです．たとえば3つの市場 A, B, C に毎日入荷する野菜量の比を

$$5:3:6$$

に調整するということがあります．これは**連比**とよばれるものですが，いっていることは，毎日の入荷量を，A, B, C それぞれの市場で

$$5k, \ 3k, \ 6k$$

と表わされるように保つということです．しかしこの連比を1つの分数で表わすというわけにはいきません．2つ以上の量に対する連比に対しては，連比の値というような1つの数値を考えることはできないのです．

分数のかけ算

　分数のかけ算は分母は分母，分子は分子でかけ合わせるという約束で計算する．たとえば

$$\frac{2}{3} \times \frac{4}{7} = \frac{2 \times 4}{3 \times 7} = \frac{8}{21}$$

$$\frac{3}{100} \times \frac{64}{235} = \frac{3 \times 64}{100 \times 235} = \frac{192}{23500}$$

である．一般的な公式の形で書くと

$$\frac{n}{m} \times \frac{n'}{m'} = \frac{nn'}{mm'} \tag{7}$$

となる．

このかけ算の規則(7)が自然なものであることをみるためには，線分演算を用いるとよい．線分演算では，かけ算は面積として理解されていたことを思い出しておこう．

図(A)で，2辺の長さがそれぞれ $\frac{1}{m}, \frac{1}{m'}$ の長方形にカゲをつけて書いてある．この長方形をタイルと思って，1辺の長さが1の正方形に貼っていくと，ちょうど mm' 個のタイルでこの長方形を貼ることができる．したがってこのタイルの面積を S とすると

$$\overbrace{S + S + \cdots + S}^{mm' 個} = 1$$

となり，線分演算でいえば，S は長さ1の線分を mm' 等分して得られる線分の長さとして表わされることになる．すなわち

図(A) の下: $m=10, m'=6$ でかいた

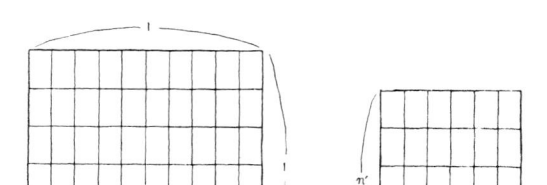

図(B) の下: $n=6, n'=5$ でかいた

$$S = \frac{1}{mm'}$$

であり，このことは S の面積を(縦×横)で表わせば

$$\frac{1}{m} \times \frac{1}{m'} = \frac{1}{mm'}$$

を示している．

次に

$$\frac{n}{m} \times \frac{n'}{m'}$$

を求めるには，図(B)のように同じタイルを横1列に n 個，縦1列に n' 個を並べてできる長方形の面積を求めるとよい．図(B)からわかるように，このとき要するタイルは nn' 個であり，したがってこの長方形の面積は

$$\frac{1}{mm'} \times nn' = \frac{nn'}{mm'}$$

となる．これで公式(7)が示された．

自然数の割り算と分数

2つの自然数の割り算は，自然数の中だけで考えている限り，できるときもあるし，できないときもある．割りきれるときは6÷3＝2のように，答を自然数の中に見つけることができるが，割りきれないときは，自然数の中に答を見つけることはできなくなってしまう．

しかし，答として分数を使ってもよいことにすると，自然数の割り算は，いつでもできるようになるのである．たとえば

$$2 \div 3 = \frac{2}{3}$$

と表わすことができる．なぜこのように考えてよいかというと，割り算はかけ算の逆だから，2÷3＝□ とすると，□は3倍すると2になる数を表わしている．一方，いままでの線分演算の話からもわかるように，$\frac{2}{3}$ も3倍すると2になる数を表わしている．したがって，2÷3は $\frac{2}{3}$ という分数で表わされている．ここで使った考えは，はっきり書くと

$$2 \div 3 = \frac{2}{3} \iff 2 = 3 \times \frac{2}{3}$$

となる．

一般に

$$m \div n = \frac{m}{n} \iff m = n \times \frac{m}{n}$$

である．たとえば

$$8 \div 231 = \frac{8}{231}$$

$$100 \div 53 = \frac{100}{53}$$

$$18 \div 6 = \frac{18}{6} = \frac{9}{3} = \frac{3}{1} = 3$$

であり，これらはそれぞれ

$$8 = 231 \times \frac{8}{231}, \quad 100 = 53 \times \frac{100}{53}, \quad 18 = 6 \times 3$$

ということを表わしている．

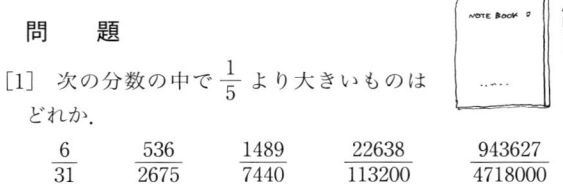

問　題

[1] 次の分数の中で $\frac{1}{5}$ より大きいものはどれか．

$$\frac{6}{31} \qquad \frac{536}{2675} \qquad \frac{1489}{7440} \qquad \frac{22638}{113200} \qquad \frac{943627}{4718000}$$

[2] ◻ の中に適当な数を入れなさい.

$$\frac{3}{5} = \frac{\Box}{125} \qquad \frac{7}{3} = \frac{630}{\Box} \qquad \frac{63\Box}{981} = \frac{\Box 1}{109}$$

[3] 次の計算をしなさい.

$$\frac{1}{2} + \frac{8}{25} + \frac{76}{361}$$

[4] $\left(\dfrac{1}{6} + \dfrac{7}{22}\right) \times \dfrac{11}{52}$ を計算しその結果を約分した形で表わしなさい.

お茶の時間

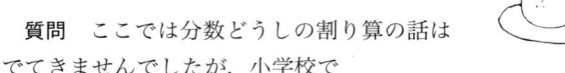

質問 ここでは分数どうしの割り算の話はでてきませんでしたが、小学校で

$$\frac{3}{5} \div \frac{2}{7} = \frac{3}{5} \times \frac{7}{2} = \frac{21}{10}$$

を習ったとき，先生が'分数の割り算とは，分母と分子をとりかえてかけるとよい'といわれたことがとても印象的でした．この先生の言葉のおかげで，分数の割り算はすぐできますが，どうして割り算がかけ算にかわってしまうのか，いまでもよくわかりません．説明していただけませんか．

答 演算に関することは，もう少し統一的な立場から第2週で述べるつもりなので，ここでは分数の割り算のことに触

れなかったのである．しかし分数の計算を習ったとき，最初に一番奇妙な感じがするのは分数の割り算だろう．実際，どうして分数の割り算が，分母と分子をとりかえたかけ算へと変わるのだろうか．

まず分数をかけるということは，

$$30 \times \frac{2}{3} = 20$$

をみてもわかるように，分母の3で30を割って，それを分子の2で，2倍しているのである．一般に

$$a \times \frac{n}{m}$$

は，a を m で割って，n 倍したものである．すなわち分数をかけるということは，私たちのふつうの数の計算の感覚からいえば，割り算(分母！)とかけ算(分子！)という2つの相反する作用を同時に行なうことになっている．分母は割り算，分子はかけ算としてはたらく！

さて，もともと割り算はかけ算と互いに逆演算の関係となっている．逆演算とはたとえば，ある数 a に3をかけて次に3で割れば a にもどるし，また a を3で割って次に3をかければ，やはり a にもどるということである．だから分数の割り算

$$a \div \frac{n}{m}$$

では，$a \times \dfrac{n}{m}$ のときの分母と分子の機能 —— 割るとかける

——がちょうど逆転するに違いない．すなわち割り算のときには，分母 m は，a に m をかけるようにはたらき，分子 n は a を割るようにはたらくに違いない．ところがこのことは，分数 $\dfrac{m}{n}$ を a にかけることと同じことになっている．これで

$$a \div \frac{n}{m} = a \times \frac{m}{n}$$

を説明したことになるのだが，少しは納得してもらえただろうか．

金曜日

小　数

10 進 法

ペアノ先生が，自然数は1からはじまって，1歩，1歩進むことによって完結する世界だといっても，私たちは自然数を，踏み石を書くように

1 🪨 🪨 🪨 🪨 🪨 🪨 🪨 🪨 ・・・・ 🪨 🪨 ・・・

と表わしているわけではない．実際，踏み石1つ1つをほかのものと区別できるように目印しをつけておけば，これでもペアノ先生の自然数の考え方に対し，直観的なイメージを与えたことにはなっている．しかし，このような表わし方を採用していては，たくさんの踏み石に全部違った目印しをつけなくてはいけないし，そうなっては，四則演算など考えることもできなかったろう．

私たちは，アラビヤから12,3世紀ごろ，ヨーロッパに伝わり広く用いられるようになったとされているアラビヤ数字

0, 1, 2, 3, 4, 5, 6, 7, 8, 9

を用いて自然数を表わしている．自然数は無限にあるのに，このわずか10個の数字でどんな自然数でも表わすことができるのは，私たちが数の表記に10進法を採用しているからである．

10進法では，よく知られているように，7, 8, 9のあとに

は 10 がくる．ここで新しい数字が導入される代りに，数の表示が 1 桁から 2 桁へと上がっていくのである．2 桁の数は，20, 30, … と 10 きざみで 2 桁めを表わす数が上がって，90 までくると，次は 10 が 10 個集まった 100 となり，3 桁の数が登場する．3 桁の数の 100 きざみの節目は

$$100, 200, 300, \cdots, 900$$

で与えられる．このあとは 100 が 10 個集まった 1000 になる．

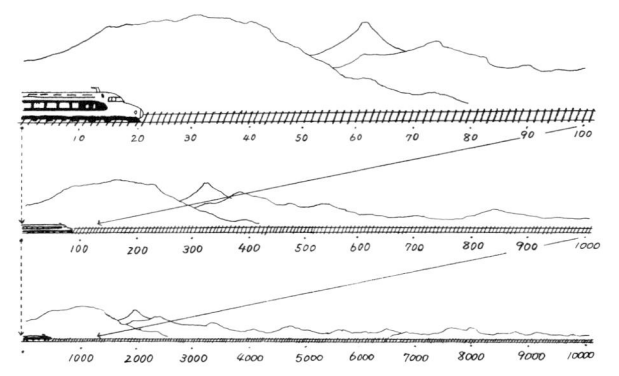

 10 進法は私たちの日常生活のすみずみにまで行きわたっているから，あらためていわれると，かえって妙な気がするかもしれない．たとえば 63892 円を釣銭のいらないように支払うとき，私たちは

　1 万円札　6 枚

　1000 円札　3 枚

　　100 円貨　8 枚

10 円貨　9 枚
　　　1 円貨　2 枚
を用意しておくだろう．これは 10 進法によるからであって，数学的に書けば
$$63892 = 6\times10^4+3\times10^3+8\times10^2+9\times10+2$$
となる．ここで記号 10^4, 10^3 などは前にも用いたが，一般に 10^n は 10 の n-巾とよばれ
$$10^n = \overbrace{10\times10\times\cdots\times10}^{n}$$
の意味である．

たとえば 70 兆 3 億 5000 万という数は，この表わし方では
$$70000350000000 = 7\times10^{13}+3\times10^8+5\times10^7$$
となる．

　10 進法を用いれば，このようにして原理的にはどのような大きな数を表わすこともでき，また大きな数と小さな数を足したり，引いたりすることも自由にできる．このようなことは，古代ギリシャの人のように，数を線分で表わすという考えに止っていては，容易に達しえないところだったと思う．

小　　数

　10 進法は，どんどん大きくなる自然数を 10 を基本とする節目で切ってまとめていく．節目の単位は 10, 100, 1000, 10000, … としだいに大きくなっていく．いわば，考える数の範囲が大きくなるにつれ，手をどんどん大きく広げて，大

きな数の範囲をその大きさに応じて，万，10万，100万，1000万，1億，… というような単位の中に包みこんで測っていくのである．

同様の考えを，今度は小さくなる方 —— 極微の世界 —— へと向けていったらどうなるだろうか．このとき基本となるのは

$$\frac{1}{10}, \frac{1}{100}, \frac{1}{1000}, \frac{1}{10000}, \cdots$$

という単位の系列である．

これもまた日常よく使われていることである．たとえば身長が168.3 cm あるということは，身長が

$$168\,\text{cm} + \frac{3}{10}\,\text{cm}$$

だけあるということであり，また100 m の水泳自由型で，ある選手が56.84秒の記録を出したということは

$$56\,\text{秒} + \frac{84}{100}\,\text{秒}$$

の記録を出したということである．

ここに小数の概念が生まれてくるのだが，これをもう少し正確にいうと次のようになる．

いま長さ1の線分をとり，この端点を0とする．この線分を10等分して，次の図のように，この等分点を0の方から順次

     0.1, 0.2, 0.3, 0.4, 0.5, 0.6, 0.7, 0.8, 0.9

と目盛りをつける．そして0から測ってたとえば0.6までの線分の長さが，小数 0.6 を表わすとするのである．分数でいえば 0.6 は $\frac{6}{10}$ である．この状況は，物差しの目盛りで 1 cm が 10 等分されてミリの単位がつけられており，私たちがこのミリの目盛りをつかって，0.6 cm と測るのと同じことである．

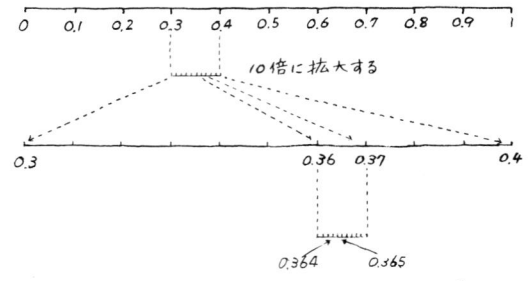

次にこのそれぞれの等分点にはさまれた長さ $\frac{1}{10}$ の線分をさらにもう一度 10 等分する．たとえば 0.3 と 0.4 にはさまれた線分を 10 等分し，その等分点に順次

0.31, 0.32, 0.33, 0.34, 0.35, 0.36, 0.37, 0.38, 0.39

と目盛りをつける．この等分点にはさまれた線分の長さは $\frac{1}{100}$ となっている．そして0から測ってたとえば 0.36 までの線分の長さが，小数 0.36 を表わすとするのである．この小数を分数を用いて表わせば

$$0.36 = \frac{3}{10} + \frac{6}{100} = \frac{36}{100}$$

である．

この $\frac{1}{100}$ の長さの線分をさらに 10 等分する．このとき等分された線分の長さは $\frac{1}{1000}$ となる！ そしてたとえば 0.36 と 0.37 の間に，この等分点にそって目盛りを

  0.361, 0.362, 0.363, 0.364, 0.365, 0.366, 0.367,
  0.368, 0.369

とつける．そして 0 からたとえば 0.364 までの線分の長さが，ちょうど小数 0.364 を表わしているとするのである．このとき

$$0.364 = \frac{3}{10} + \frac{6}{100} + \frac{4}{1000} = \frac{364}{1000}$$

である．

同じようにして次々と 10 等分を繰り返していく．このようにして，たとえば小数

$$0.3647385$$

を表わす長さが，0 と 1 のどこに目盛りがつけられているかがわかる．この小数は分数で表わすと

$$\frac{3647385}{10000000}$$

であって，この場合等分点の間隔は

$$\frac{1}{10000000} \quad (1000 万分の 1)$$

となっている．もしこのような目盛りを読みとることができるような(センチメートルを基準とする)物差しがあるならば，

この物差しによって，1000万分の1センチの誤差も測れることになる．

一般の場合の小数表示，たとえば
$$8.3647385$$
は，
$$8+0.3647385$$
を示しており，長さ8の線分に，さらに長さ0.3647385の線分をつけ加えた長さとして表わされる．

♣ もちろん線分の長さという考えを使わなければ，小数 8.3647385 は，
$$8+\frac{3}{10}+\frac{6}{10^2}+\frac{4}{10^3}+\frac{7}{10^4}+\frac{3}{10^5}+\frac{8}{10^6}+\frac{5}{10^7}$$
として表わされる数として定義することになる．しかしこのような代数的な小数の定義は，いかにも味気がない．

教室の風景

先生がまず次のような話をされた．

「いまのようにだれでも電卓を使うようになり，ディジタル表示に見なれると，10進法で数を表わすなどごくあたりまえのことであって，そこに驚くようなことは何も隠されていないと思ってしまいます．しかしたとえば
$$72900328635.643288416$$
などの数をアトランダムに書いてじっと見ていると，この数

の表わしているものは，巨大な数の微小な状況だということがわかります．小数の考えを加えることによって，10進法は，巨大な数から微小な数にいたるまで，この世で測定できるすべての量を，0から9までのわずか10個の記号を用いて表わす手段を提供することになったのです．これはやはり驚くべきことだったといってよいのでしょう．

　ところで，0.36 cm のものは，何倍に拡大すると，36 cm のものに見えてくるでしょう．」

　一瞬静かになったが，すぐにあちこちから

「100倍！」

という声が上がってきた．

　「今度は少しむずかしいかもしれません．太陽系の大きさというのは，ふつうは太陽から一番外を回る海王星までの距離のことをいって，それは約45億 km です．いま紙の上にこの太陽系のひろがりを45 cm に書くためには，どれだけの割合で縮小したらよいでしょうか．たとえば1000万分の1に縮めるとよい，というように答えてごらんなさい．」

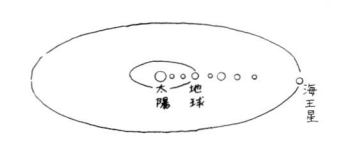

　教室はにぎやかになった．

　「10億分の1に縮めるとよい」「いや，それではまだ4 km 以上もあるよ」「いけない，単位が km だった」「ではもう1000倍縮めてみたら」「4 m くらいにしかならないよ」「45

cm の 10 倍が 4 m 50 cm だよね」「それならもう 10 分の 1 縮めるといいのよ」「だから結局, 10 億×1000×10 分の 1 に縮めるのよ」「1000 億の 100 倍ね」「それは 10 兆よ」

そこで代表が

「10 兆分の 1 に縮めるとよいと思います.」

先生は, そのとおりです, それでは 10 兆を書いてみましょう, といって黒板に

$$10000000000000 = 10^{13}$$
$$\underbrace{}_{\text{億}}\underbrace{}_{\text{万}}$$

と書かれた. 先生はにこにこしながら, 次の質問へと移った.

「太陽から地球までの平均距離は, 約 1 億 4960 万 km ありますが, この縮尺で同じ紙の上に書こうとすると, 太陽から何 cm くらい離したところに書くとよいでしょう. また地球から月までの平均距離は 384400 km ですが, 月は地球からどのくらい離したところに書くとよいでしょう.」

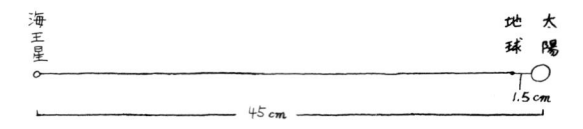

地球については, 山崎君が明快な答をした.

「45 億 km を 45 cm にしたのですから, 1 億 km は 1 cm に書かなくてはなりません. そうすると当然地球は太陽から 1.496 cm 離れたところに書くことになります. だから実際

紙の上に書くときには，太陽から 1 cm 5 mm 離れたところに点を書いて，それが地球を表わしているといえばよいと思います.」

月のほうはむずかしいようだった．なかなか答が出せないようなので，先生が黒板に黙って

$$
\begin{aligned}
1 \text{ 億 km} &\Longrightarrow 1 \text{ cm} \\
1000 \text{ 万 km} &\Longrightarrow 0.1 \text{ cm} \\
100 \text{ 万 km} &\Longrightarrow 0.01 \text{ cm} \\
10 \text{ 万 km} &\Longrightarrow 0.001 \text{ cm}
\end{aligned}
$$

と書かれた．

だれかが，小さい声で「10 万 km が 0.001 cm だから，地球から月までの距離は，紙の上では 0.003844 cm になるよ」「0.003 cm といえば 1 ミリの 100 分の 1 だわ」

そこで先生が話をされた．

「太陽系を 45 cm の広がりに書くと，地球と月との距離など，100 倍の顕微鏡で見ても，やっと 3 ミリという近さに見えるにすぎません．このように考えると，太陽系というものがどんなに大きいか，また海王星がどんなはるかな所にあるかもよくわかるでしょう．このような海王星の動きも，ニュートン力学で解明できるのですから，科学の力とは本当に驚くべきものだといわなくてはならないでしょう．

ついでですが，この 45 cm の大きさに書かれた太陽系の図で，次のようなデータはどのように表わされるか，家へ帰

って考えてごらんなさい．

 太陽の直径　139万2000 km

 太陽から水星までの平均距離　　5790万 km

 太陽から金星までの平均距離　　1億800万 km

 太陽から火星までの平均距離　　2億2800万 km

 太陽から木星までの平均距離　　7億7800万 km

 太陽から土星までの平均距離　　14億2900万 km

 太陽から天王星までの平均距離　28億7500万 km

 太陽から海王星までの平均距離　45億 km

これを見ると，天王星まで行って，やっと太陽と海王星との距離の半分を越したところまで到達したということがわかります．」

先生の話

 10進法を用いると，このように大きな数から小さな数まで，いわば自由に表わすことができるようになり，私たちの取り扱う数の世界を飛躍的に広げることになりました．宇宙のはてにあるものを，すぐに机の上に書きうつすことができることも，10進法という表記法によっています．地球から月までの38万 km も，0.0038 cm と書きかえられてくるのです．私たちはいまでは測定できるものはすべて数によって表わし，そこにもしある規則性があるならば，その背後にある物理的法則も数を通して探求できるようになりました．

しかし，10進法という表記法は，人間の手の指が，両手合わせて10本からなることに深くかかわっているといいます．指折り数えていくとき，開いた手の指を1つ1つ折っていくと，10まで数えると手の指はすべて握られてしまう．私たちは10を1区切りとして，新しい数え方を考えていかなくてはならなくなります．

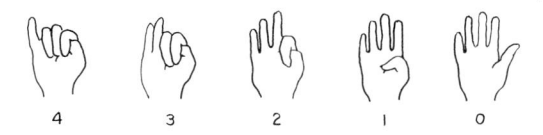

　もし私たちが5本の指しか使えなかったとしたら，どうなるでしょうか．このときは10進法にかわって5進法が誕生したろうといわれています．右手の5本の指だけを使って数えてみることにしましょう．開いている指は0を示すとして，次に1, 2, 3, 4と指を折っていきます．最後の指を折ることは，10進法でいえば両手の指を全部折って10となり，1桁上がったことを意味します．ですから5進法では，1, 2, 3, 4のあとに10がきます：

```
5進法    0  1  2  3  4  10
        ↕  ↕  ↕  ↕  ↕   ↕
10進法   0  1  2  3  4   5
```

次に5進法では，右手の指を1本1本折って，2桁の数を数えだしていきます．もう一度指を全部折ると，10個のものを数えたことになります．5進法で表わせば，これは20と

なります．このようにして次のような対応が成り立つことがわかります．

5進法　11　12　13　14　20　21　22　23　24　30　31　32　…
　　　↕　↕　↕　↕　↕　↕　↕　↕　↕　↕　↕　↕
10進法　6　7　8　9　10　11　12　13　14　15　16　17　…

30は右手の指を3回全部折って数えられます．40は，4回指を全部折って握ったことになります．もう一度指を折って握ると，5進法では桁が上がって100となります．これは10進法で，右手，左手の指を10回握ると100を数えたことに対応します．ですから5進法の100は，10進法では

$$5 \times 5 = 25$$

を表わしています．

このように5進法では，$1, 5, 5^2, 5^3, \cdots$ のところで位が上がっていきます．10進法で表わして88という数は，

$$88 = 3 \times 5^2 + 2 \times 5 + 3$$

により，5進法では323と表わされます．

5進法の小数は，たとえば

$$\underset{(5\text{進法})}{0.143} = \frac{1}{5} + \frac{4}{5^2} + \frac{3}{5^3}$$

となりますが，この右辺を実際10進法の小数で表わそうとすると

$$\frac{1}{5} = 0.2, \quad \frac{4}{5^2} = 0.16, \quad \frac{3}{5^3} = 0.024$$

によって 0.2+0.16+0.024＝0.384 となります．

古い昔には，必ずしも10進法だけが使われたわけではないようで，その痕跡は，いまでもところどころに残っています．たとえば，1時間を60分としたり，直角を90度とするのは，古代バビロニアで用いられた60進法の名残りであろうといわれており，またフランス語で20, 80, 90を vingt(ヴァン)，quatre-vingts(キャトル・ヴァン：4つの20)，quatre-vingt-dix(キャトル・ヴァン・ディス：4つの20と10)というのは，20進法が存在したことを示すものであるといわれています．

小数の計算

小数の計算について述べておく．

[加法] これは
$$2.4+7.8 = 2+0.4+7+0.8$$
$$= 9+0.4+0.8 = 9+1.2$$
$$= 10.2$$
をみてもわかるように，小数点の場所をそろえて，ふつうのように加えるとよい．たとえば
$$1337.68561+21.9$$
は

```
    1337.68561
  +   21.9
    1359.58561
```

のように計算する．

［減法］　これも小数点の位置だけそろえて，ふつうのように計算する．たとえば
$$6.38 - 5.4612$$
は，$6.38 = 6.3800$ と表わして

$$\begin{array}{r} 6.3800 \\ -5.4612 \\ \hline 0.9188 \end{array}$$

のように計算する．

［乗法］　6.3×9.4 を求めるには
$$6.3 = 63 \times \frac{1}{10}, \quad 9.4 = 94 \times \frac{1}{10}$$
に注意して
$$6.3 \times 9.4 = 63 \times 94 \times \frac{1}{10} \times \frac{1}{10} = 5922 \times \frac{1}{100}$$
$$= 59.22$$
ここで $\frac{1}{100}$ をかけることは，63×94 を求めてから，小数点以下 2 桁まで，位取りを下げることを意味している．

たとえば 6.15×7.8 は，615×78 を求めてから，小数以下 3 桁まで位取りを下げるとよい．結果は $47.970 = 47.97$ である．

［除法］　小数の割り算はできるときもあるし，できないときもある．ここでは簡単な場合だけ説明しておこう．
$$8 \div 0.4$$
を求めるのに，この値を a とすると

$$8 \div 0.4 = a \iff 8 = 0.4 \times a$$

右のほうの式を 10 倍してみると

$$80 = 4 \times a$$

となる．したがって答は

$$\frac{80}{4} = 20$$

となる．このことについて，もっと詳しいことは，次週で述べることにしよう．

問　題

[1] 原子は，原子核と原子核のまわりをまわる電子からなっている．原子の大きさは大体

$$0.00000001 \text{ cm} \ \left(= \frac{1}{10^8} \text{ cm}\right)$$

原子核の大きさは大体

$$0.000000000001 \text{ cm} \ \left(= \frac{1}{10^{12}} \text{ cm}\right)$$

くらいである．

(1) 原子を直径 1 km の大きさの円と想像したとき，原子核は直径が何 cm くらいと考えられるだろうか．

(2) 東京と大阪間の距離を 550 km とする．原子の大きさを大体このくらいと想像したとき，原子核の大きさは，新幹線 16 両の長さより大きくなるだろうか，それとも小さ

くなるだろうか．ただし新幹線1両の車両の長さは25 m
とする．

[2]　小数 0.632 を何倍したら 100 を越えるか．また何倍したら 1000 を越えるか．

[3]　10進法で 234 は，5進法で書くとどのように表わされるか．

[4]　次の計算をしなさい．
(1)　9.999999＋0.001001
(2)　263.5×0.00863

お茶の時間

質問　コンピューターでは，機械の内部では2進法が使われていると聞きましたが，2進法について教えて下さい．

答　2進法とは，もし人間が右手，左手にそれぞれ指1本しかないとしたならば，きっと考え出したに違いない数の表記法のことである．このとき数は0と1しかない．1と数えると，次はもう1桁上がって10となる．次に11と数えると，また1桁上がって100となる．このあとに続くのは 101, 110, 111, 1000 である．10進法との対応は

金曜日 小　数　109

```
2進法  1 10 11 100 101 110 111 1000 … 1100 … 1111 10000 …
       ↕  ↕  ↕   ↕   ↕   ↕   ↕    ↕        ↕        ↕      ↕
10進法 1  2  3   4   5   6   7    8   …   12   …   15   16 …
```

であって, 2進法では

$$1,\ 2,\ 2^2(=4),\ 2^3(=8),\ 2^4(=16),\ 2^5(=32),\ \cdots$$

を節目として桁数が上がっていく. たとえば10進法で書いた59は

$$59 = 1\times 2^5 + 1\times 2^4 + 1\times 2^3 + 0\times 2^2 + 1\times 2 + 1$$

により, 2進法では111011と表わされる.

　2進法での足し算の規則は

$$1+0 = 1,\quad 0+1 = 1,\quad 1+1 = 10$$

であり, かけ算の規則は

$$1\times 0 = 0,\quad 0\times 1 = 0,\quad 1\times 1 = 1$$

だけである.

　たとえば111×101は, 下のように計算することができる.

```
        111
     × 101
     -----
        111
      111
    -------
    100011
```

したがって答は100011となることがわかる. 同じ計算を10進法で書くと,

$\underset{(2進法)}{111}$: $1\times 2^2+1\times 2+1=\underset{(10進法)}{7}$

$\underset{(2進法)}{101}$: $1\times 2^2+1=\underset{(10進法)}{5}$

だから上の計算は 10 進法で書くと，7×5＝35 を求めたことになっている．実際，念のため確かめてみると

$$35 = 1\times 2^5+1\times 2+1$$

となっている．

 2進法の計算は単純明快であって，10進法のときのように九九を覚える必要もない．しかし，もし私たちが2進法を採用したとすると，365円の買物をしたときにも，2進法で

101101101 円

($365=1\times 2^8+0\times 2^7+1\times 2^6+1\times 2^5+0\times 2^4+1\times 2^3+1\times 2^2+0\times 2+1$)

と表わさなくてはならず，わずらわしい長い表記が必要となる．だが，高速で動くコンピューターの中では，このような表記法の長さなど，問題ではないのである．

土曜日

分数と小数

小数を分数で表わす

　分数と小数の導入は，ともに自然数の世界を，さらに微小なところまで測れるように数の概念を拡張することにより得られたものであった．私たちは，分数は線分演算の立場から，小数は 10 進法の立場から見てきたが，この 2 つのものはどのように関係し合うのだろうか．またどのような違いがあるのだろうか．

　まず，どんな小数でも必ず分数で表わすことができる．それは，たとえば，0.3 とか 0.5 は，端点が 0 と 1 の長さ 1 の線分を 10 等分して，その分点の 3 番目，5 番目を示しているからである．これは分数の見方に立てば $\frac{3}{10}$ と $\frac{5}{10}$ を表わしていることになる．同じように考えれば，0.37 は $\frac{37}{100}$ を表わし，0.524 は $\frac{524}{1000}$ を表わしている．

　要するに小数は，分数を目盛りにたとえた木曜日の話のようにいえば，

$$\frac{1}{10},\ \frac{1}{100},\ \frac{1}{1000},\ \cdots,\ \frac{1}{10^n},\ \cdots$$

を目盛り（分母！）とする分数として必ず表わすことのできる数となっている．たとえば

$$0.0105008 = \frac{105008}{10000000} \quad \left(\frac{1}{10^7} \text{の目盛りの } 105008 \text{ 番目}\right)$$

$$1.58 = 1 + 0.58 = 1 + \frac{58}{100} = \frac{158}{100}$$

$$\left(\frac{1}{10^2} \text{ の目盛りの } 158 \text{ 番目}\right)$$

$$125.0074 = 125 + \frac{74}{10000} = \frac{1250074}{10000}$$

$$\left(\frac{1}{10^4} \text{ の目盛りの } 1250074 \text{ 番目}\right)$$

♣ あとの 2 つの場合は

$$1.58 = 1\frac{58}{100}, \quad 125.0074 = 125\frac{74}{10000}$$

のように書いて，右辺の表わし方を帯分数という．帯分数というのは，自然数を'帯びている'という意味なのかもしれない．和英辞典を引いてみたら，英語では mixed number というらしい．帯分数はいまでも古い伝統にしたがって，小学校の算数で取り扱われているようであるが，実際のところ，日常の生活で帯分数など現われることは皆無であるといってよい．数学でもこのような概念を用いることはほとんどない．$1\frac{1}{3}$ は，$\frac{4}{3}$ と書くか，$1+\frac{1}{3}$ と書けばすむことである．私の個人的な意見にすぎないのだが，帯分数などという概念はもう一般的な概念としてはあまり表に出さなくともよいのではないかと思う．

小数で表わされる分数

分母が，$10, 100, 1000, \cdots, 10^n, \cdots$ であるような分数は，必ず小数で表わすことができる．たとえば

$$\frac{7}{10} = 0.7, \quad \frac{53}{100} = 0.53, \quad \frac{301}{1000} = 0.301$$

となる．見かけ上，分母がこのような形をしていなくとも，このような形をした分数を約分して得られる分数は，やはり小数で表わすことができる．たとえば

$$\frac{55}{100} = \frac{11}{20} \quad \text{だから} \quad \frac{11}{20} = 0.55$$

$$\frac{1825}{10000} = \frac{73}{400} \quad \text{だから} \quad \frac{73}{400} = 0.1825$$

しかし
$$10 = 2 \times 5, \quad 100 = 2^2 \times 5^2 (= 4 \times 25),$$
$$1000 = 2^3 \times 5^3 (= 8 \times 125)$$

を見るとわかるように，分母が 10, 100, 1000, … であるような分数を，どのように約分してみても，分母に現われる数を割りきれる素数は 2 と 5 の 2 つだけである．

このことをもう少しはっきりした形で述べるために，既約分数という言葉を導入しておこう．分数 $\frac{b}{a}$ で，a と b に共通な約数が 1 しかないとき，$\frac{b}{a}$ を既約分数という．$\frac{3}{5}$ や $\frac{2}{7}$ は既約分数である．$\frac{55}{66}$ は 11 で約分できるから既約分数ではないが，このときも約分した結果の $\frac{5}{6}$ は既約分数となる．

このとき次の結果が成り立つ．

既約分数 $\frac{b}{a}$ が小数で表せるとすれば，a を割りきる

素数は 2 と 5 しかない．逆に a を割りきる素数が 2 と 5 しかなければ，$\dfrac{b}{a}$ は小数で表わせる．

［証明］ 既約分数 $\dfrac{b}{a}$ が小数で表わされたとしよう．このとき，$\dfrac{b}{a}$ は，n を十分大きくとっておくと，$\dfrac{1}{10^n}$ の目盛りに必ずのっている．すなわち

$$\frac{b}{a} = \frac{c}{10^n}$$

の形となる．右辺の分数を約分したものが左辺の分数なのだから，a を割りきる素数は，10^n を割りきる素数でなければならない．それは 2 と 5 しかない．

逆に分数 $\dfrac{b}{a}$ で a を割りきる素数が 2 と 5 しかないとしよう．そのとき a は

$a = 2^m 5^n$　　（2 を m 個かけ，5 を n 個かけたもの）

または

$$a = 2^m \quad \text{か} \quad a = 5^n$$

のように表わせる．たとえば $m=6$, $n=2$ のとき

$$\frac{b}{a} = \frac{b}{2^6 5^2} = \frac{b}{64 \times 25} = \frac{b}{1600}$$

となるが，分母，分子に $5^4 = 625$ をかけることにより

$$\frac{b}{a} = \frac{5^4 \times b}{2^6 5^6} = \frac{625 \times b}{10^6} = \frac{625 \times b}{1000000}$$

となり，これは小数で表わすことができる．

一般の場合も同様に考えて証明することができる．たとえ

ば，分母が $2^m 5^n$ で $m > n$ のとき，分母と分子に 5^{m-n} をかけると，分母が 10^m となる．このような分数はたしかに小数で表わされる．

なお，a の約数が 1 だけのとき，すなわち $a=1$ という特別の場合も考えておかなくてはいけないが，このときは $\frac{b}{a}$ は自然数 b となる．自然数はもちろん小数のうちに加えていたから，このときも成り立つ場合となっている．（証明終り）

この結果をみると，既約分数の形で書いたとき，分母が 2 と 5 以外の素数で割れるもの，たとえば 3 や 7 で割れるものは，決して小数として表わせないことになる．たとえば

$$\frac{1}{3}, \frac{2}{3}, \frac{5}{6}, \frac{3}{7}, \frac{8}{9}, \frac{6}{11}, \frac{1}{12}$$

などというごくありふれた分数も，分母を見てみると，2 と 5 以外の素数で割りきれるから，小数で表わすことはできないのである．（ただし，ここでは小数として有限のけた数の小数だけを考えている．無限のけた数の小数については第 2 週で述べる．）

実際，$\frac{1}{3}$ を $1 \div 3$ として求めてみると，商として 3 がたって，いつも 1 余るということが繰り返され

$$\frac{1}{3} = 0.333\cdots 33 \quad 余り\ 0.000\cdots 01$$

ということが果てしなく繰り返されていくのである．$\frac{5}{6}$ のときには

$$\frac{5}{6} = 0.833\cdots 33 \qquad 余り\ 0.000\cdots 02$$

の状況がどこまでも続いていく．

♣ 2つの小数の割り算は一般には小数で表わすことはできない．たとえば $0.3 = \frac{3}{10}$, $0.7 = \frac{7}{10}$ の場合について考えてみると，$0.3 \div 0.7 = \frac{3}{10} \div \frac{7}{10} = \frac{3}{7}$ となるが，$\frac{3}{7}$ は小数としては表わされない分数である．

線分の 10 等分点と $\frac{1}{3}$ の表示

このようなことは，線分の 10 等分点による目盛り表示の中でもはっきりと認識しておいた方がよい．例として $\frac{1}{3}$ をとろう．

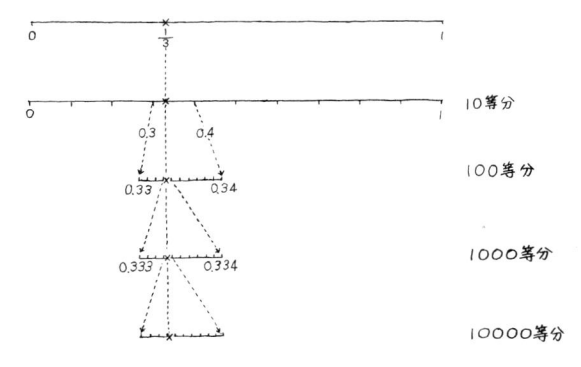

上の図は，長さ 1 の線分を順次繰り返して 10 等分して得

られる目盛りの中で，$\frac{1}{3}$ がどのような状況となっているかを示したものである．$\frac{1}{3}$ の場所は，図では × でしるしをつけてある．最初の 10 等分でつけられた 0.1, 0.2, …, 0.8, 0.9 の目盛りの中で，この場所 × は，0.3 と 0.4 の (0.3 よりの) $\frac{1}{3}$ のところにある．次にもう一度各目盛りの間を 10 等分し，2 桁の小数の目盛りをつけると，この場所 × は 0.33 と 0.34 の間の $\frac{1}{3}$ のところにあって，目盛りの間の相対的位置は少しも変わっていない．どんなに 10 等分を繰り返して目盛りを細かくしてみても，この状況は少しも変わらないのである．この場所 × は，0.333…33 と 0.333…34 の間の $\frac{1}{3}$ のところにあって，決して目盛りの上にのるということはないのである．このことは $\frac{1}{3}$ が決して小数として表わされないことを示している．

このような線分の 10 等分による説明によれば，小数で表わされる分数とは，何回か 10 等分を繰り返し，目盛りを細かくしていけば，いつかはある目盛りの上にのってくれる分数のことである．そうでない分数は小数で決して表わすことはできないのだが，上で述べたように，そのような分数は，実にたくさんあるのである．これらは一体どうなっているのだろう．

教室の風景

先生が
「$\dfrac{1}{9}$ を 1÷9 として計算してごらんなさい」
といわれたが，これは皆がすぐに
「0.111…1 とどこまでも続きます」
と答えてくれた．どこまでも続くというのは，たとえば 0.1111 と商を求めると，余りが 0.0001 となってまたこれを 9 で割るということが繰り返されていくということである．次に先生が
「それでは $\dfrac{1}{7}$ はどうですか．小林君，黒板へ出て計算してみてください．それから大村さんは $\dfrac{3}{11}$ を計算してみてください」
といって，先生は黒板の左と右に，上のほうに

$$7\overline{)1} \qquad\qquad 11\overline{)3}$$

と書かれた．小林君と大村さんが，黒板の下まで計算してみた結果は次のようであった．

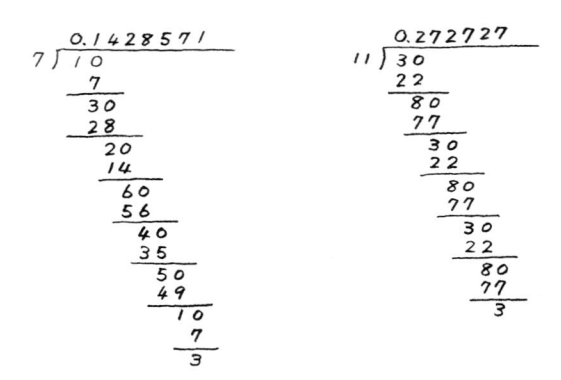

```
        0.1428571
    7 ) 1 0
        7
        30
        28
         20
         14
          60
          56
           40
           35
            50
            49
             10
              7
              3
```

```
        0.272727
   11 ) 3 0
        22
         80
         77
          30
          22
           80
           77
            30
            22
             80
             77
              3
```

小林君と大村さんが自分の席へもどったのを見て，先生が，「この計算を見てみると，$\frac{3}{11}$ のほうは，商は

$$0.27272727\cdots 27$$

とどこまでも続いていきそうです．それでは $\frac{1}{7}$ のほうはもっと計算を続けていったら，どんなになるか予想がつくでしょうか．」

皆が考え出した．小林君が黒板の上に書かれている自分の計算を指さしながら，次のようにいった．

「ぼくは，黒板の下のほうに書いてあるところまで計算を進めてみたのですが，余りに1がでたときに，はっと気がつきました．これは出発点の 1÷7 の計算にもどったことになったのだ，ということです．これから先はいままでの計算が繰り返されるに違いありません．ですからぼくの計算で一番下の行に書いてある3は，割り算をはじめて最初に出てきた

土曜日　分数と小数　　121

3(3行目に書いてあるもの)と同じ性質のものなのです．したがって $\frac{1}{7}$ の計算をもっと続けていくと

　　　　　　0.142857 142857 142857 142857…

のように，142857 が繰り返し，繰り返しでてくると思います．」

「そのとおりです．」といって，先生は話を続けた．

「大村さんの計算を見ても同じ状況が起きています．このときには，二度割り算をすると，余りが3になってはじめの 3÷11 のときと同じ計算をすればよいことになります．二度割るごとに，前と同じ状況がもどってきて，繰り返されていくのです．そのことが，$\frac{3}{11}$ を小数で表わそうとしても表わせなくて，0.27 のあとにどこまでも 27 という数の連鎖が果てしなく続いていくことになるのです．

$\frac{5}{13}$ を同じように，5÷13 として計算してみますと，今度は 0.384615 までくると，余りが5となって，最初の状況へともどります．そのことから $\frac{5}{13}$ は，実際割り算を行なえば商としては

　　　　　　0.384615 384615 384615 384615…　　　(＊)

のように，どこまでも 384615 が繰り返される小数がでることになります．

また $\frac{5}{12}$ のときには，商は 0.416666 のようになって，途中の3番目から6が繰り返して出るようになります．

こうした小数を循環小数といい，たとえば(＊)の場合 384615 を長さが6の循環節といいます．$\frac{5}{12}$ のときには，商

として長さが 1 の循環節 6 をもつ小数が現われます．竹の節のように，同じ数の配列が繰り返されていくのです．」

そして先生が質問された．

「$\frac{1}{17}$ でいまと同じように計算を試みてみると，このときにも，やはり商は循環小数となることがわかります．しかしこのことは実は計算してみなくともわかることなのです．計算しなくともどうしてわかるのかを皆で考えてもらいたいのですが，ヒントは，17 で割ったときの余りを考えることです．」

教室での話し声「17 で割った余りは，17 以下の数だよね」「そうすると，0, 1, 2, …, 16 までだわ」「でも 0 が余りということは割りきれることだから，$1 \div 17$ の計算はそこで終って，$\frac{1}{17}$ は小数となってしまう．$\frac{1}{17}$ は小数として表わされないことはわかっているのだから，0 は余りとしてでてこない」「そうすると余りとして出る数は 1, 2, 3, …, 16 だけだ」

そこで山田君が手を上げた．

「わかりました．余りとなる数が 1 から 16 までしかないのですから，$1 \div 17$ の計算を多くとも 17 回繰り返せば，必ずその中に，前に余りとして出た数と同じ数が余りとしてもう一度でることがあって，そこから前と同じ商が繰り返されることになります．」

「そのとおりです．実際 $1 \div 17$ を計算してみますと，0. とおいてからの余りは順次

    10, 15, 14, 4, 6, 9, 5, 16, 7, 2, 3, 13, 11, 8, 12

土曜日　分数と小数　　123

となって，その次の余りが 1 となります．ここから先はまた余りが 10, 15, … となっていままで行なった 1÷17 の計算が繰り返されていきます．計算してみた結果は，1÷17 は商として

$$0.05882352941176470588\cdots647\cdots$$

のような，長さ 16 の循環節をもつ小数がいつまでも現われてくることがわかります．このことから，もう皆は次のような結果があることを聞いても驚かないでしょう．」

そういって先生は黒板の真中に次のように書かれた．

> 分数 $\dfrac{\ell}{a}$ が小数として表わされないときには，$\ell \div a$ を計算していくと，商としては循環する小数がいつまでも現われてくる．

先生の話

このように，ほとんどの分数は小数として書き表わすことはできません．しかし，'線分の 10 等分点と $\dfrac{1}{3}$ の表示' で示した図 (117 ページ) で考えると，$\dfrac{1}{3}$ と $\dfrac{1}{3}$ をたとえば小数 0.3333 と表わしたときの違いは，$\dfrac{1}{10^4}$ (1 万分の 1) 以下となっています．0.333333 と表わしたときの違いは $\dfrac{1}{10^6}$ (100 万分の 1) 以下となっています．

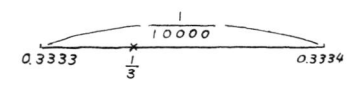

```
         |←―― 1/10000 ――→|
 ―――――――――――――――――――――――――――――
   0.3333     ×       0.3334
             1/3
```

このようなとき，0.3333 は $\frac{1}{3}$ の近似値であって誤差は $\frac{1}{10^4}$ 以内，また 0.333333 は $\frac{1}{3}$ の近似値であって，誤差は $\frac{1}{10^6}$ 以内であるといいます．

たとえば $\frac{1}{7}$ を 0.1428571 と書いたとき，誤差は $\frac{1}{10^7}$ 以内となります．$\frac{1}{7}$ の近似値として 0.1428571 を考えていることを明らかにしたいときには

$$\frac{1}{7} \fallingdotseq 0.1428571$$

という記号を使います．$\frac{5}{13}$ の近似値として

$$\frac{5}{13} \fallingdotseq 0.38$$

を用いたときには誤差は $\frac{1}{100}$ 以内ですが，近似値として

$$\frac{5}{13} \fallingdotseq 0.38461538$$

を用いたときには，誤差の精度はずっとよくなって $\frac{1}{10^8}$ (1億分の1)以下となります．

このように近似値という言葉を使えば，どんな分数でも，いくらでもよい誤差の精度をもつ小数によって近似することができるということになります．分数と小数との関係を論じてくると，近似値という考えが大切なものとなってきます．

日常生活から分数は消えつつある

♣ いままでみてきたように，小数はいつでも分数で表わせるが，それに反して分数の中には小数として表わせないものがたくさんある．したがって数の概念としては，分数のほうが小数よりはるかに広いといってよいのである．

しかし，私たちが日常の生活の中で分数に出あう機会はほとんどなくなってしまった．分数は目の前から消えてしまったといってよい状況である．スーパーマーケットのレジでもらうレシートでも，カードの番号でも，新聞，雑誌に現われる数字でも，すべて(自然数を含めた意味での)10進法による小数表示であって，分数をたくさん見ることのできるのは，小学校5,6年の算数の教科書の中だけであるという，妙なことになってきた．分数が現われないのだから，まして

$$\frac{2}{13}+\frac{4}{7} \quad \text{や} \quad \frac{5}{12}\times\frac{3}{8}$$

のような計算をする機会など，よほど特別な人でなければ社会生活で出あうことはないだろう．近ごろでは

$$\frac{3}{29}\div\frac{41}{67}$$

などという具体的な分数の割り算は，数学者が見てもめずらしいものに出あったような気がする．

このことは，算数教育の上で重要な問題を提起しているように思えるのだが，あまり議論されているようにもみえないので，ここではなぜ分数，および分数の概念さえも社会から消えつつあるのかについて，少しコメントを述べておくことにしよう．

分数はもともとある量とその一部の大きさを比較する数として誕生してきた．りんごを $\frac{2}{3}$ に切ってほしいといえば，全体を3等分して，その2つ分に相当する量を切ればよいのである．ところが，いまの社会では単に2つだけの量の大小を比較するようなことは非常にまれになってきた．私たちのまわりには，多くの数が氾濫している．そしてこれらの数が，どの2つを特定してよいかわからぬように，すべて同じレベルで登場してくるのである．たとえばスーパーマーケットに並ぶ多様な商品の値段を見ても，ある特定の2つの商品をとって，単にその値段を比較してみても，ほとんど何の意味もないだろう．

　おまけに分数表示の欠点は，いくつかの分数を並べても，その大小を見わけることは，一般には非常に手間がかかるということにある．このことが分数を使いにくいものにしている．たとえば3つの分数

$$\frac{22}{41}, \frac{7}{13}, \frac{2036}{3861}$$

の大小は，と聞かれてもすぐには答えられないだろう．しかしこれらの分数を近似する小数で表わしておけば，大小の関係は一目瞭然である．実際

$$\frac{22}{41} \doteqdot 0.536585 \qquad \frac{7}{13} \doteqdot 0.538461 \qquad \frac{2036}{3861} \doteqdot 0.527324$$

だから，大きな順から書けば $\frac{7}{13}, \frac{22}{41}, \frac{2036}{3861}$ となる．

　たとえば，株式市場の値動きを示す新聞欄で，株の値動きを示す数値が，前日の値を分母，当日の値を分子とする分数で表わされていたら，どうなっていたか考えてみるとよいのである．10進法による表示は，分数表示にくらべて足し算や引き算が簡単になるというだけでなく，大小関係をはっきりと明示するという利

点があり，このことはもっと強調されてもよいことだと思う．

同じようなことであるが，1つの量が変動していくようなとき，微小な変化を表わすのに分数は適していない．たとえば，小数で書けば，0.4 が少し変動して，0.40000156 になったということはすぐに表わせるし，また見ればすぐわかるが，同じ値を分数で書いて

$$\frac{2}{5} \text{ が } \frac{100000039}{250000000} \text{ に変動した}$$

といっても，私たちは当惑するだけだろう．

要するに，現在の社会活動の中で見るように，多くの量がディジタル化され，それが激しく動いているようになると，数を分数で表示することは，いわば全く社会的適応性を欠いてくるのである．

もちろん，場合によっては分数計算をしなくてはいけないこともあるかもしれない．しかし，だれの手元にも8桁程度を表示できる電卓があるのが現状だから，だれでも電卓を使って分数を近似小数に直して計算してしまうだろう．この近似計算で不都合なことが起きるということは，日常生活の中では，まず考えられないのである．

問　題

[1]　次の分数を小数で表わしなさい．

$$\frac{33}{250}, \quad \frac{1991}{8 \times 5^5} \left(= \frac{1991}{25000} \right)$$

[2]　次の分数の循環節を求めなさい．

$$\frac{8}{11}, \frac{5}{12}, \frac{2}{13}$$

[3] 5進法の小数 0.4132 を，(10進法での)分数で表わしなさい．

[4] 次の分数を小さいほうから順に並べなさい．
$$\frac{31}{96}, \frac{633}{1965}, \frac{8155}{24828}, \frac{12563}{38647}$$

お茶の時間

質問 分数が社会生活の中から消えつつあるということは，いわれてみてはじめて気がつくようなことですが，ぼくにはやはり驚きでした．そうするとやがて分数を教えることも必要なくなってくるのでしょうか．

答 コンピューターの影響もあって，分数表示が日常生活から消えていくスピードは，ますます速くなっていくと思われる．しかしそのことが，分数概念が不用になるということを意味しないだろう．たとえばどんなにディジタル化が進んでも，「このケーキを2対3の割合で分けておきましょう」などといういい方がなくなるはずがない．野球選手の打率とは何かがわからなくては困るだろう．だから分数の基本的な概念や，パーセントや比率のことは，小学校でよく教えてお

く必要があると思うが,いまのように分数計算に算数教科書のかなりの部分をあてることに対しては,私は多少批判的である.

分数は個々の数値の取扱いの中では多分消えていくだろうが,一般的な規則や関係などを,式の上で示すときには分数概念は欠かせない.数式処理には分数概念が絶対といってよいほど必要なのである.たとえば万有引力の法則は,距離 r だけ隔たった質量 m_1, m_2 の引き合う力 f は,

$$f = \gamma \frac{m_1 m_2}{r^2} \qquad (\gamma は重力定数)$$

であると述べられる.また速度は $\dfrac{走行距離}{時間}$ として表わされている.このような点に目を向けると,分数は個々の分数の四則演算だけではなく,数式処理の観点からもしっかりと認識しておく必要がでてくる.だが,このような問題になってくると,現在の小学校の算数と,中学校における数学の内容の断層があらわに見えてくるのであるが,ここではそこまで立ち入ることはできないし,またそれを論ずることは私の任でもないように思う.

日曜日

ピタゴラスの定理をめぐって

万物は数である

　日曜日はゆっくりとくつろいで話すことにしよう．第1日目の月曜日のお茶の時間で話したように，ピタゴラスはいまを隔たること2500年も昔の，なかば伝承の中の人である．ピタゴラスが彼の教団の中心にすえたといわれる「万物は数である」という宇宙をつかさどるモットーは，不思議な響きを伝えながら，長い歳月を通して生き続け，現在にいたっている．むしろ現在のように，さまざまな情報がディジタル化され，コンピューターを通して処理され，それが科学技術から政治，経済にいたるまで社会のすべての分野に深い影響を与えていることをみると，そこにピタゴラスの思想の新鮮さをあらためて感じることができるかもしれない．たとえばピタゴラス学派に属していたフィロラオス(B.C. 390 ごろ没)の次の格言は，現在の思想家の言葉として引用しても，それほど違和感はないだろう．

　'知ることのできるものはすべて数をもつ．なぜなら，数なくしては何ものも想像したり認識したりすることはできないからである．'

ピタゴラスの定理の証明

しかしそんな深遠なことをいわなくとも，古代の人物でピタゴラスほどだれからも名前を知られている人は，ほかにあまりいないのではなかろうか．学校でピタゴラスの定理——三平方の定理——を最初に習ったときの印象は，ほかの数学の定理と違ってある独特な感じを心に刻みこむようである．

ピタゴラスの定理とは，直角三角形の直角をはさむ2辺の長さを a, b，斜辺の長さを c とすると

$$a^2 + b^2 = c^2 \tag{1}$$

という関係が成り立つことを述べている．

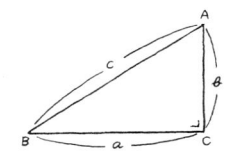

この定理の証明法はいろいろあるが，ここでは典型的な3つの証明法を述べてみよう．

第1証明：これは図Aと図Bを見るとわかる．図Aと図Bで左上にカゲをつけてある直角三角形が，問題となっている直角三角形である．この面積は，△ をつけてある残りの3つの直角三角形の面積に等しい．したがって図Aの正方形の面積は，この直角三角形の面積の4倍に a^2 と b^2 を加えた

ものになっている．

$$\text{正方形の面積} = 4\triangle + a^2 + b^2$$

一方，図Bのほうを見てみると，同じ正方形の面積が直角三角形の面積の4倍に c^2 を加えたものとなっている．

$$\text{正方形の面積} = 4\triangle + c^2$$

したがって(1)が成り立つ．

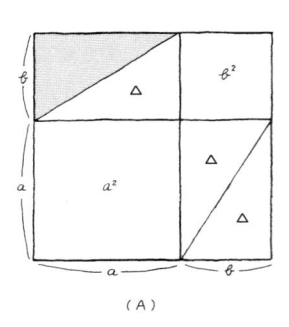

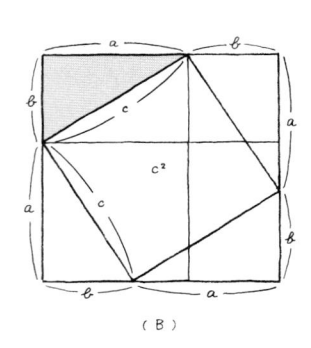

(A)　　　(B)

第2証明：これは相似三角形の考えを使う証明法である．図Cで示してあるように，CからABに垂線を下ろして，直角三角形ABCを2つに分けると，それぞれはまた直角三角形で，もとの三角形ABCと相似である．したがって対応する辺の比が等しいことを用いて

$$\frac{b}{c_1} = \frac{c}{b} \quad (\triangle \text{AHC と } \triangle \text{ACB の相似性})$$

$$\frac{a}{c_2} = \frac{c}{a} \quad (\triangle \text{CHB と } \triangle \text{ACB の相似性})$$

日曜日 ピタゴラスの定理をめぐって　135

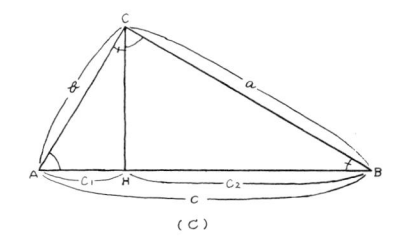

（図C）

上の式から $b^2=cc_1$, 下の式から $a^2=cc_2$ が得られるから，辺々加えて

$$a^2+b^2 = c(c_1+c_2) = c^2$$

これで(1)が示された．

第3証明：直角三角形 ABC の辺上に，図Dのように正方形を立てる．AC, BC 上に立てた2つの正方形の面積の和 b^2+a^2 が，AB 上に立てた正方形の面積 c^2 に等しいことを示せば，(1)がいえたことになる．

C から AB へ下ろした垂線を延長して，AB 上に立てた正方形を2つの長方形にわけ，左のほうを I, 右のほうを II とする．I の面積と II の面積を加えたものが c^2 に等しいのだから，I の面積が b^2, II の面積が a^2 となることを示せばよい．I の面積が b^2 であることを示すには，濃くカゲをつけてある三角形の面積が，薄くカゲをつけてある三角形の面積 $\dfrac{b^2}{2}$ に等しいことを示せばよい．

ところが，濃くカゲをつけてある三角形の面積は，△ACQ の面積に等しく（底辺 AQ を共有して高さが等しい

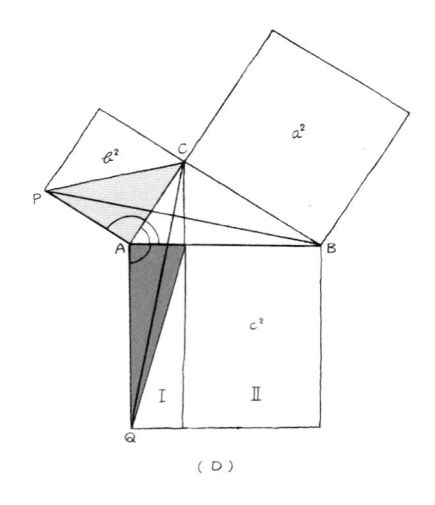

から), また薄くカゲをつけてある三角形の面積は △APB の面積に等しい(底辺 AP を共有して高さが等しいから). しかし △ACQ と △APB は2辺と夾角が等しくて合同であり, 面積は等しい！ これで I の面積が b^2 に等しいことが示されたことになる. II の面積が a^2 に等しいことも同様にして示すことができる. これで(1)が証明された.

この第3証明は, ユークリッドの『原論』にのせられているものである.

ピタゴラス・トリプル

ピタゴラスの定理は，実は逆も成り立つのであって，三角形の3辺の長さ a, b, c が，$a^2+b^2=c^2$ をみたすならば，この三角形は c を斜辺の長さとする直角三角形となる．

♣ これを示すには，3辺の長さが等しい2つの三角形は合同であるという結果を使うとよい．実際，$a^2+b^2=c^2$ をみたす3数 a, b, c を3辺の長さとする三角形を △ とし，一方，a, b を直角をはさむ2辺とする直角三角形を △′ とする．ピタゴラスの定理から △′ の他の1辺の長さは c である．したがって △ と △′ は3辺が等しくなり，合同である．したがって △ は直角三角形となる．

たとえば (3, 4, 5) という3つの数の組をもってくると
$$3^2+4^2=5^2$$
が成り立つ．したがって長さを 3, 4, 5 の割合でひもをはると直角をつくることができる．

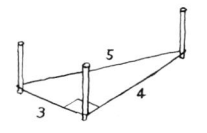

一般に
$$a^2+b^2=c^2$$
をみたす自然数の組 (a, b, c) をピタゴラス・トリプル(ピタゴラスの3対)という．(3, 4, 5) のほかに

(8, 6, 10), (5, 12, 13), (8, 15, 17), (20, 21, 29)

などはピタゴラス・トリプルである．

実は，紀元前 1800 年ごろと推定されるバビロンから発掘された粘土板の中に，かなり大きな数のピタゴラス・トリプルまで書いてあるものが見出されている．何しろピタゴラスよりさらに 1300 年も昔のことだから，どのようにしてこれらの数を見出したか，また何の目的でこれらの数を必要としたのかも，想像の域を脱していない．ただ，直角をつくるために，これらの数が必要とされたのではないかと推測されている．ピタゴラスの定理自身に対する証明はなかったとしても，そのような事実が成り立つことは，バビロニアからピタゴラスへ伝わってきたのではないかとも考えられている．しかし，すべてが深い霧の中にある．私たちが文献の中で最初にピタゴラスの定理を見ることのできるのは，『原論』の中である．

もっとも，ピタゴラス・トリプルはどのようにして見出されるのかということに関心のある読者がおられるかもしれない．

ピタゴラス・トリプル (a, b, c) を与える公式は

$$a = (p^2-q^2)r, \quad b = 2pqr, \quad c = (p^2+q^2)r \quad (2)$$

である．ここで p, q, r は $p > q$ という条件の下で，任意の自然数をとってよい．$p=2$, $q=r=1$ のときが $(3, 4, 5)$ である．(2)のスタンダードの証明法は和田秀男『数の世界』(岩波書

店)65-66 ページにのせられている．ここでは，この証明は省略しよう．

ピタゴラスの困惑

ピタゴラスの定理は，直角三角形という整った幾何学的な図形が，ピタゴラス・トリプルという数の間の関係によって完全に規定されることを示しており，「万物は数である」というピタゴラス学派の信条に確信を与えるものであったろう．しかし同時に，ピタゴラスの定理は，ピタゴラス学派の根底をゆるがすような大きな問題を提起することになった．ピタゴラス学派は，宇宙の調和は，音階の調和が示すように，自然数の比によって与えられているものと信じていた．ところがピタゴラスの定理を認めると，もっとも調和のとれた図形である1辺の長さが1の正方形の対角線の長さは，決して比としては表わせないということが示されてしまうのである．

それは次のようにしてわかる．ピタゴラスの定理から，この正方形では

(対角線の長さ)$^2 = 1^2 + 1^2 = 2$

である．もし対角線の長さが $\dfrac{n}{m}$ と表わされたとすると，

$$\left(\frac{n}{m}\right)^2 = 2 \qquad (3)$$

となる．ここで $\dfrac{n}{m}$ は既約分数としておく．(3)から

$$n^2 = 2m^2$$

したがって n^2 は偶数である．したがってまた n は偶数となる(奇数の 2 乗は奇数である！)．そこで $n=2n'$ とおくと $(2n')^2=2m^2$ より

$$2n'^2 = m^2$$

が得られ，m もまた偶数となる．したがって m と n には共通の約数 2 があることになり，$\frac{n}{m}$ が既約であると仮定したことに反することになる．このことは，1 辺の長さが 1 の正方形の対角線の長さは，決して分数で表わせないことを示している．

　伝説によると，この結果を外にもらした最初のピタゴラス学派の人は，海でおぼれて死んだという．この伝説が物語るように，この事実は古代ギリシャの数学にとって決定的な意味をもっていた．線分を用いた演算の中から比で表わせないものがでてくることがあるとすれば，線分演算と，分数を基盤とする数の演算とは，一般的な理論背景としては切り離しておかなくてはいけなくなる．実際ギリシャ数学における線分演算には，数の概念は導入されず，さまざまな幾何学的な工夫によって議論が進められたのである．

　ピタゴラス学派の人たちも，またその系譜を継ぐことになった紀元前 400 年〜300 年のギリシャ数学の黄金期の数学者たちも，思いがけず突然目の前につきつけられたような，この正方形の対角線の長さに困惑していた．この長さを，辺と

してとった長さ 1 の線分から，どのように測るべきものなのか，またこの長さをどのように理解すべきか，という問いかけの中に，しかし，何か深い響きが聞こえてくることも感じとっていた．

$\sqrt{2}$ を近似する*

2 乗すると 2 になるような数は，分数で表わせないから新しい数なのだが，この数を 2 の平方根といって，$\sqrt{2}$（ルート 2 とよむ）と表わす．$\sqrt{2}$ という数がどこにあるのかと聞かれれば，それは 1 辺が 1 の正方形の対角線の長さであると答えることになる．

しかし，この $\sqrt{2}$ はどんな数なのか？ たとえばそれは $\frac{4}{3}$ より大きい数なのか，小さい数なのかという疑問は，ごく当然でてくるのであって，そこから $\sqrt{2}$ を何とか分数で測りとっていきたい，すなわち $\sqrt{2}$ という数を分数で測ったとき，いったい，どのあたりにある数なのかできるだけ正確に知りたいという欲求がわいてくるのである．ここに $\sqrt{2}$ を分数の系列でいかに近似すべきかという問題が，古代の数学者の関心をそそることになった．

これについてはピタゴラス学派の人たちによって，驚くべ

＊ この節と次の節はややむずかしいので，最初はわからなくてもかまいません．第 6 週まで読み進んだら，あらためて読み直すとよいでしょう．

き近似の方法が研究されていたようである．これから少しそのことを述べてみよう．方程式のことはまだ述べていないが，ここではお話として，軽く読んでいただきたい．

彼らは，現在ではペル方程式とよばれているタイプの次の方程式の自然数解を考察した．

$$x^2 - 2y^2 = 1 \tag{4}$$

この方程式を解くことは，両辺を y^2 で割って

$$\left(\frac{x}{y}\right)^2 - 2 = \frac{1}{y^2} \tag{4}'$$

をみたす自然数 (x, y) を求めることと同じことである．そこで(4)，したがってまた(4)′ をみたす自然数の解の系列

$$(x_n, y_n) \quad (n=1, 2, \cdots)$$

で，n が大きくなるとき y_n がどんどん大きくなっていくものを見つけることができたとしよう．そうすると(4)′ から

$$\left(\frac{x_n}{y_n}\right)^2 - 2 = \frac{1}{y_n^2}$$

となり，n が大きくなるとき右辺の $\frac{1}{y_n^2}$ はいくらでも小さくなっていく．したがって

$$u_n = \frac{x_n}{y_n} \quad (n=1, 2, \cdots)$$

とおくと，$u_n^2 - 2$ はいくらでも 0 に近くなっていく，すなわち，u_n^2 は 2 にいくらでも近くなっていく分数である．このことは，分数の系列

$$u_1, u_2, \cdots, u_n, \cdots$$

はしだいに $\sqrt{2}$ に近づくことを意味しているだろう.

(4)の解を求めるのに,彼らは次のような方法を考えていた.

$$\begin{cases} x_{n+1} = x_n + 2y_n \\ y_{n+1} = x_n + y_n \end{cases} \quad (n=1, 2, \cdots) \quad (5)$$

とおくと,

$$\begin{aligned} x_{n+1}{}^2 - 2y_{n+1}{}^2 &= (x_n+2y_n)^2 - 2(x_n+y_n)^2 \\ &= (x_n{}^2+4x_ny_n+4y_n{}^2) - 2(x_n{}^2+2x_ny_n+y_n{}^2) \\ &= -(x_n{}^2-2y_n{}^2) \end{aligned}$$

が成り立つ.すなわち(5)にしたがって,(x_n, y_n) から (x_{n+1}, y_{n+1}) へと1歩進むたびに,この値を x^2-2y^2 に代入すると符号だけがかわる! だから2歩進むと,符号はもとにもどってしまうことになる.すなわち,

$$x_n{}^2 - 2y_n{}^2 = 1 \quad \text{ならば} \quad x_{n+2}{}^2 - 2y_{n+2}{}^2 = 1$$

なのである.

したがって(4)をみたす解 (x_1, y_1) を1つとって,ここから出発して,(5)にしたがって,順次 (x_n, y_n) を求めていくと,1つおきに(4)の解

$$(x_1, y_1), (x_3, y_3), (x_5, y_5), (x_7, y_7), \cdots$$

が得られていくことになる.

解の中に0を加えてもよければ,(4)の解の中で一番簡単なものは,$x=1, y=0$ である.ここから出発することにし,$x_1=1, y_1=0$ とおき,(5)にしたがって順次 (x_n, y_n) を求めて,それを表にすると次のようになる.左の欄の数が(4)の

解を与えているが，分母になる y_n がどんどん大きくなっていくから，$\sqrt{2}$ へ近づく分数の系列がここから得られることになる．

n	$(x_n,$	$y_n)$	$(x_{n+1},$	$y_{n+1})$
1	1	0	1	1
3	3	2	7	5
5	17	12	41	29
7	99	70	239	169
9	577	408	1393	985
11	3363	2378	8119	5741
13	19601	13860		

$$u_3 = \frac{x_3}{y_3} = \frac{3}{2}\,(=1.5), \quad u_5 = \frac{x_5}{y_5} = \frac{17}{12}\,(\fallingdotseq 1.416666),$$

$$u_7 = \frac{x_7}{y_7} = \frac{99}{70}\,(\fallingdotseq 1.41428571),$$

$$u_9 = \frac{x_9}{y_9} = \frac{577}{408}\,(\fallingdotseq 1.41421568)$$

$$u_{11} = \frac{x_{11}}{y_{11}} = \frac{3363}{2378}\,(\fallingdotseq 1.41421362)$$

$$u_{13} = \frac{x_{13}}{y_{13}} = \frac{19601}{13860}\,(\fallingdotseq 1.414213564)$$

$\sqrt{2}$ の小数展開を知っている読者には，このようにして見出されてきた分数が，不思議なほどよく $\sqrt{2}$ を近似しているのに驚かれるのではなかろうか．最近の数学史家の興味は，

日曜日　ピタゴラスの定理をめぐって　　145

それではピタゴラス学派の人たちは，どのようにして，このような驚嘆すべき $\sqrt{2}$ への近似の道を見出したのだろうか，に向けられてきたのである．

終りのない'互除法'

これに対する推測は次のように与えられている．いまもし，$\sqrt{2}$ が分母 m をもつ分数で

$$\sqrt{2} = \frac{n}{m}$$

と表わされたと仮定すれば，$1=\frac{m}{m}$ と 1 を表わしてみるとわかるように $\sqrt{2}-1$ もまた，m を分母とする分数，すなわち $\frac{n-m}{m}$ で表わされることになる．したがってまた

$$1-(\sqrt{2}-1) = \sqrt{2}(\sqrt{2}-1) \qquad (6)$$

も

$$\sqrt{2}(\sqrt{2}-1)-(\sqrt{2}-1) = (\sqrt{2}-1)^2 \qquad (7)$$

も m を分母とする分数で表わされる．

これは基本的にはユークリッドの互除法の考えなのだが，たぶんピタゴラス学派の人たちもそうしたように，図を用いて説明したほうがわかりやすい．図では縦1，横 $\sqrt{2}$ の長方形が画いてある．この長方形から正方形を切りとると，横の長さが $\sqrt{2}-1$ の長方形が残る．(6)は，この図ではカゲをつけた長方形の縦の長さを求めたことになっている．このカゲをつけた長方形は，縦，横の比が

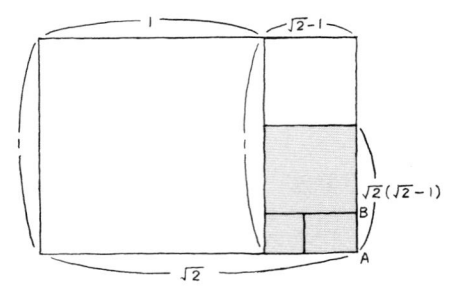

$$\sqrt{2}(\sqrt{2}-1) : \sqrt{2}-1 = \sqrt{2} : 1$$

となっているから，最初の長方形を $\sqrt{2}-1$ の割合で相似に縮小したものとなっている．(7)は，図では AB の長さを求めたことになっている．要するに上の '互除法' は，$\sqrt{2}-1$ の割合でどんどん小さくなっていく長方形を構成して，その辺の長さを求めていくということになっている．'互除法' はどこまでも繰り返して行なうことができ，対応して，図の上に画かれていく線分はどこまでも短く小さくなっていくということは，分母となる m という数が決して求めきれないことを示している．分母が m で表わされる分数は，必ず $\dfrac{1}{m}$ の目盛りで測れる線分として表わされることを，思い出しておこう．

すなわち，このように '互除法' を行なっていっても，分母 m を決して取り出すことができないということは，とりも直さず，$\sqrt{2}$ が分数としては表わせない数であることを示している．

ところが次の図を見るとわかるように，この長方形の辺の間には

$$x_{n+1} = x_n + 2y_n, \quad y_{n+1} = x_n + y_n$$

という関係がある．x_n と y_n の縦，横を表わす役目が，n とともに相互に変わることに注意していただきたい．もちろん，図も，またこの関係もいまの場合

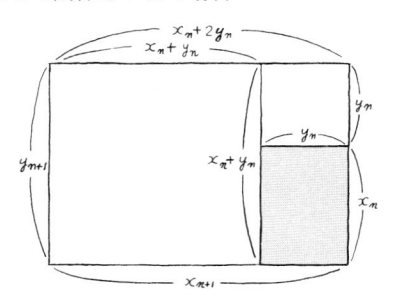

$$x^2 - 2y^2 = 0$$

から得られたのだが，ピタゴラス学派の人たちは，ここからでは '可約量' m が得られないので，考察を

$$x^2 - 2y^2 = 1$$

へと移して，$\sqrt{2}$ へと近づく分数を求めていこうとしたのである．

まことにピタゴラスは恐るべきかな！

問題の解答

月曜日

[1] 万(4つ),兆(4つ)

[2] 一億,三百八十六億五千一万二百四十七

[3] (ⅰ) 4200 回   (ⅱ) 100800 回   (ⅲ) 36792000 回
(ⅳ) 2943360000 回

[4] (ⅰ) 43200 歩   (ⅱ) 15768000 歩
(ⅲ) 788400000 cm   7884 km   (ⅳ) 約 48 年半

火曜日

[1] みたさない.公理の v)が成り立たない.x から次の数 x' へ移ることを矢印で書くと,$(1,1) \to (2,2) \to (3,3) \to \cdots$ したがって,M として (n,n) $(n=1,2,3,\cdots)$ の形で表わされるもの全体をとると,$1 = (1,1) \in M$ で,$x \in M \Rightarrow x' \in M$. しかし M は $\boldsymbol{N}$ と一致していない.

[2] 1150000

[3] 14194662020

[4] 664480

水曜日

[1] 283, 389, 409

[2] 2 の倍数は 50 個,3 の倍数は 33 個,2 の倍数でも 3 の倍

数でもないものは 33 個
[3] 4
[4] (1) いえる
    (2) 必ずしもいえない.

木曜日

[1] $\dfrac{536}{2675}$, $\dfrac{1489}{7440}$, $\dfrac{943627}{4718000}$

[2] $\dfrac{3}{5}=\dfrac{75}{125}$, $\dfrac{7}{3}=\dfrac{630}{270}$, $\dfrac{639}{981}=\dfrac{71}{109}$

[3] $\dfrac{18601}{18050}$

[4] $\dfrac{4}{39}$

金曜日

[1] (1) 10 cm
    (2) 小さい（2 車両程度の大きさ）
[2] 159 倍, 1583 倍
[3] 1414
[4] (1) 10.001000
    (2) 2.274005

土曜日

[1] 0.132, 0.07964

[2] $0.\overline{72}72\cdots$, $0.4\overline{16}6\cdots$, $0.\overline{153846}153\cdots$ (循環節)

[3] $\dfrac{542}{625}$

[4] $\dfrac{633}{1965}$, $\dfrac{31}{96}$, $\dfrac{12563}{38647}$, $\dfrac{8155}{24828}$

索　引

あ 行

余り　57
アラビヤ数字　92
アルキメデス　19
大きい　33
大きな数　9

か 行

かけ算　34
×(かける)　45
加法　31, 44, 105
奇数　45
既約分数　114
近似する　124
近似値　124
偶数　45
結合法則　32, 37
減法　33, 106
『原論』　55, 67, 136, 138
交換法則　32, 37
公倍数　47
公約数　50
公理論的な方法　40
誤差　98, 124
5進法　103

さ 行

差　33
最小公倍数　47, 62

最大公約数　50, 57
三平方の定理　133
自然数　23
自然数の割り算　86
循環小数　121
循環節　121
10進法　92
商　48, 57
小数　95, 105, 112
乗法　34, 106
除法　48, 106
数　12
数学的帰納法　30, 37
正方形の対角線　139, 140
積　34
線分演算　67
0(零)　46
素因数分解　62
素数　51, 53
素数表　55

た 行

ターレス　14
帯分数　113
足し算　32
通分する　77

な 行

2進法　108
20進法　105

ニュートン力学　101
は行
倍数　44
比　81
引き算　33
ピタゴラス　12, 14
ピタゴラス学派　14
ピタゴラス・トリプル　137
ピタゴラスの定理　133
フィロラオス　132
＋（プラス）　44
分子　70
分数　70, 112
分数のかけ算　83
分数の足し算　73
分数の割り算　88
分配法則　38
分母　70
ペアノ　29
ペアノの公理　29, 30

平方根　141
ペル方程式　142
ま行
－（マイナス）　44
や, ら, わ行
約数　49
約分する　80
ユークリッド　55, 67
ユークリッドの『原論』　55, 67, 136, 138
ユークリッドの互除法　60, 145
$\sqrt{2}$　141
$\sqrt{2}$ の近似値　144
0（零）　46
連比　83
60進法　105
和　32
割り算　48
÷（わる）　49

本書は 1992 年 2 月岩波書店より刊行された．

数学が生まれる物語
第 1 週 数の誕生

| 2013 年 4 月 16 日 | 第 1 刷発行 |
| 2020 年 10 月 15 日 | 第 3 刷発行 |

著 者　志賀浩二

発行者　岡本 厚

発行所　株式会社 岩波書店
　　　　〒101-8002 東京都千代田区一ツ橋 2-5-5

　　　　案内 03-5210-4000　営業部 03-5210-4111
　　　　https://www.iwanami.co.jp/

印刷・精興社　製本・中永製本

© Koji Shiga 2013
ISBN 978-4-00-600287-9　　Printed in Japan

岩波現代文庫創刊二〇年に際して

二一世紀が始まってからすでに二〇年が経とうとしています。この間のグローバル化の急激な進行は世界のあり方を大きく変えました。世界規模で経済や情報の結びつきが強まるとともに、国境を越えた人の移動は日常の光景となり、今どこに住んでいても、私たちの暮らしは世界中の様々な出来事と無関係ではいられません。しかし、グローバル化の中で否応なくもたらされる「他者」との出会いや交流は、新たな文化や価値観だけではなく、摩擦や衝突、そしてしばしば憎悪までをも生み出しています。グローバル化にともなう副作用は、その恩恵を遥かにこえていると言わざるを得ません。

今私たちに求められているのは、国内、国外にかかわらず、異なる歴史や経験、文化を持つ「他者」と向き合い、よりよい関係を結び直してゆくための想像力、構想力ではないでしょうか。

新世紀の到来を目前にした二〇〇〇年一月に創刊された岩波現代文庫は、この二〇年を通して、哲学や歴史、経済、自然科学から、小説やエッセイ、ルポルタージュにいたるまで幅広いジャンルの書目を刊行してきました。一〇〇〇点を超える書目には、人類が直面してきた様々な課題と、試行錯誤の営みが刻まれています。読書を通した過去の「他者」との出会いから得られる知識や経験は、私たちがよりよい社会を作り上げてゆくために大きな示唆を与えてくれるはずです。

一冊の本が世界を変える大きな力を持つことを信じ、岩波現代文庫はこれからもさらなるラインナップの充実をめざしてゆきます。

(二〇二〇年一月)

岩波現代文庫[学術]

G425
岡本太郎の見た日本

赤坂憲雄

東北、沖縄、そして韓国へ。旅する太郎が見出した日本とは。その道行きを鮮やかに読み解き、思想家としての本質に迫る。

2020. 10

岩波現代文庫［学術］

G419 新編 つぶやきの政治思想
李 静和

秘められた悲しみにまなざしを向け、声にならないつぶやきに耳を澄ます。記憶と忘却、証言と沈黙、ともに生きることをめぐるエッセイ集。鵜飼哲・金石範・崎山多美の応答も。

G420-421 ロールズ 政治哲学史講義（I・II）
ジョン・ロールズ
サミュエル・フリーマン編
齋藤純一ほか訳

ロールズがハーバードで行ってきた「近代政治哲学」講座の講義録。リベラリズムの伝統をつくった八人の理論家について論じる。

G422 企業中心社会を超えて ―現代日本を〈ジェンダー〉で読む―
大沢真理

長時間労働、過労死、福祉の貧困……。大企業中心の社会が作り出す歪みと痛みをジェンダーの視点から捉え直した先駆的著作。

G423 増補「戦争経験」の戦後史 ―語られた体験／証言／記憶―
成田龍一

社会状況に応じて変容してゆく戦争についての語り。その変遷を通して、戦後日本社会の特質を浮き彫りにする。〈解説〉平野啓一郎

G424 定本 酒呑童子の誕生 ―もうひとつの日本文化―
髙橋昌明

酒呑童子は都に疫病をはやらすケガレた疫鬼だった――緻密な考証と大胆な推論によって物語の成り立ちを解き明かす。〈解説〉永井路子

2020.10

岩波現代文庫［学術］

G414 『キング』の時代 ――国民大衆雑誌の公共性――
佐藤卓己

伝説的雑誌『キング』――この国民大衆雑誌を分析し、「雑誌王」と「講談社文化」が果たした役割を解き明かした雄編がついに文庫化。〈解説〉與那覇潤

G415 近代家族の成立と終焉 新版
上野千鶴子

ファミリィ・アイデンティティの視点から家族の現実を浮き彫りにし、家族が家族であるための条件を追究した名著、待望の文庫化。「戦後批評の正嫡 江藤淳」他を新たに収録。

G416 兵士たちの戦後史 ――戦後日本社会を支えた人びと――
吉田 裕

戦友会に集う者、黙して往時を語らない者……戦後日本の政治文化を支えた人びとの意識のありようを「兵士たちの戦後」の中にさぐる。〈解説〉大串潤児

G417 貨幣システムの世界史
黒田明伸

貨幣の価値は一定であるという我々の常識に反する、貨幣の価値が多元的であるという事例は、歴史上、事欠かない。謎に満ちた貨幣現象を根本から問い直す。

G418 公正としての正義 再説
ジョン・ロールズ
エリン・ケリー編
田中成明
亀本 洋 訳
平井亮輔

『正義論』で有名な著者が自らの理論的到達点を、批判にも応えつつ簡潔に示した好著。文庫版には「訳者解説」を付す。

2020.10

岩波現代文庫[学術]

G409 普遍の再生
——リベラリズムの現代世界論——

井上達夫

平和・人権などの普遍的原理は、米国の自国中心主義や欧州の排他的ナショナリズムにより、いまや危機に瀕している。ラディカルなリベラリズムの立場から普遍再生の道を説く。

G410 人権としての教育

堀尾輝久

『人権としての教育』(一九九一年)に「国民の教育権と教育の自由」論再考」と「憲法と新・旧教育基本法」を追補。その理論の新しさを提示する。〈解説〉世取山洋介

G411 増補版 民衆の教育経験
——戦前・戦中の子どもたち——

大門正克

子どもが教育を受容してゆく過程を、国民国家による統合と、民衆による捉え返しとの間の反復関係(教育経験)として捉え直す。〈解説〉安田常雄・沢山美果子

G412 「鎖国」を見直す

荒野泰典

江戸時代の日本は「鎖国」ではなく、開かれていた。——「四つの口」で世界につながり、「海禁・華夷秩序」論のエッセンスをまとめる。

G413 哲学の起源

柄谷行人

アテネの直接民主制は、古代イオニアのイソノミア(無支配)再建の企てであった。社会構成体の歴史を刷新する野心的試み。

2020. 10

岩波現代文庫［学術］

G404 象徴天皇という物語
赤坂憲雄

この曖昧な制度は、どう思想化されてきたのか。天皇制論の新たな地平を切り拓いた論考が、新稿を加えて、平成の終わりに蘇る。

G405 5分でたのしむ数学50話
エアハルト・ベーレンツ
鈴木 直訳

5分間だけちょっと数学について考えてみませんか。新聞に連載された好評コラムの中から選りすぐりの50話を収録。〈解説〉円城 塔

G406 デモクラシーか 資本主義か
――危機のなかのヨーロッパ――
J・ハーバーマス
三島憲一編訳

現代屈指の知識人であるハーバーマスが、最近十年のヨーロッパの危機的状況について発表した政治的エッセイやインタビューを集成。現代文庫オリジナル版。

G407 中国戦線従軍記
――歴史家の体験した戦場――
藤原 彰

一九歳で少尉に任官し、敗戦までの四年間、最前線で指揮をとった経験をベースに戦後の戦争史研究を牽引した著者が生涯の最後に残した「従軍記」。〈解説〉吉田 裕

G408 ボンヘッファー
――反ナチ抵抗者の生涯と思想――
宮田光雄

反ナチ抵抗運動の一員としてヒトラー暗殺計画に加わり、ドイツ敗戦直前に処刑された若きキリスト教神学者の生と思想を現代に問う。

2020. 10

岩波現代文庫[学術]

G399 テレビ的教養
――一億総博知化への系譜――

佐藤卓己

「一億総白痴化」が危惧された時代から約半世紀。放送教育運動の軌跡を通して、〈教養のメディア〉としてのテレビ史を活写する。〈解説〉藤竹暁

G400 ベンヤミン
――破壊・収集・記憶――

三島憲一

二〇世紀前半の激動の時代に生き、現代思想に大きな足跡を残したベンヤミン。その思想と生涯に、破壊と追憶という視点から迫る。

G401 新版 天使の記号学
――小さな中世哲学入門――

山内志朗

世界は〈存在〉という最普遍者から成る生地の上に性的欲望という図柄を織り込む。〈存在〉のエロティシズムに迫る中世哲学入門。〈解説〉北野圭介

G402 落語の種あかし

中込重明

博覧強記の著者は膨大な資料を読み解き、落語成立の過程を探り当てる。落語を愛した著者面目躍如の種あかし。〈解説〉延広真治

G403 はじめての政治哲学

デイヴィッド・ミラー
山岡龍一/森達也訳

哲人の言葉でなく、普通の人々の意見・情報を手掛かりに政治哲学を論じる。最新のものまでカバーした充実の文献リストを付す。〈解説〉山岡龍一

2020.10

岩波現代文庫[学術]

G393 不平等の再検討
——潜在能力と自由——

アマルティア・セン
池本幸生
野上裕生訳
佐藤 仁

不平等はいかにして生じるか。所得格差の面からだけでは測れない不平等問題を、人間の多様性に着目した新たな視点から再考察。

G394-395 墓標なき草原(上・下)
——内モンゴルにおける文化大革命・虐殺の記録——

楊 海英

文革時期の内モンゴルで何があったのか。体験者の証言、同時代資料、国内外の研究から、隠蔽された過去を解き明かす。司馬遼太郎賞受賞作。〈解説〉藤原作弥

G396 過労死・過労自殺の現代史
——働きすぎに斃れる人たち——

熊沢 誠

ふつうの労働者が死にいたるまで働くことによって支えられてきた日本社会。そのいびつな構造を凝視した、変革のための鎮魂の物語。

G397 小林秀雄のこと

二宮正之

自己の知の限界を見極めつつも、つねに新たな知を希求し続けた批評家の全体像を伝える本格的評論。芸術選奨文部科学大臣賞受賞作。

G398 反転する福祉国家
——オランダモデルの光と影——

水島治郎

「寛容」な国オランダにおける雇用・福祉改革と移民排除。この対極的に見えるような現実の背後にある論理を探る。

2020. 10

岩波現代文庫［学術］

G387 『碧巌録』を読む
末木文美士

「宗門第一の書」と称され、日本の禅に多大な影響をあたえた禅教本の最高峰を平易に読み解く。「文字禅」の魅力を伝える入門書。

G388 永遠のファシズム
ウンベルト・エーコ
和田忠彦訳

ネオナチの台頭、難民問題など現代のアクチュアルな問題を取り上げつつファジーなファシズムの危険性を説く、思想的問題提起の書。

G389 自由という牢獄
――責任・公共性・資本主義――
大澤真幸

大澤自由論が最もクリアに提示される主著が文庫に。自由の困難の源泉を探り当て、その新しい概念を提起。河合隼雄学芸賞受賞作。

G390 確率論と私
伊藤 清

日本の確率論研究の基礎を築き、多くの俊秀を育てた伊藤清。本書は数学者になった経緯や数学への深い思いを綴ったエッセイ集。

G391-392 幕末維新変革史（上・下）
宮地正人

世界史的一大変革期の複雑な歴史過程の全容を、維新期史料に通暁する著者が筋道立てて描き出す、幕末維新通史の決定版。下巻に略年表・人名索引を収録。

2020.10